U0052422

黑田園藝植栽密技大公開

一盆就好可愛的多肉組盆NOTE

前言

在店裡，每當被問到有關多肉植物的事時，不知不覺間，我們的話就變多了。想要分享紅葉或開花、管理或栽培法，還有組合種植的小訣竅等……因為希望有更多的人能與多肉植物共度快樂時光，想儘量和大家分享它們無窮的魅力。也是基於這樣的心情，才促成了本書的誕生。

多肉植物的根部只需要很小的空間，也不需太多的水，搭配小雜貨杯、日用品、空罐等，都能成為漂亮的多肉盆栽。只要有一個小小、淺淺盛土的空間，就能組合種入各式各樣的多肉植物。這真的非常有趣！因此我們將這份天天都有新發現的趣味，充分展現在本書的作品中。

我們特別喜歡那件在淺木箱中，加入F文字的組合盆栽。只需使用較矮的品種，便能表現多肉植物的獨特氛圍。在憧憬已久想試作看看的多肉植物花圈和花束作品中，我們使用以葉插法培育的植株和修剪下的長莖。這種作法雖然較花時間和工夫，不過，以自己培育的植株來製作的別致活用法，也成為我們最近的樂趣所在。

多肉植物沒有每天必須嚴謹管理的高門檻限制，能輕鬆栽培也是魅力之一。不論是欣賞、栽培、挑選花器、組合盆栽或裝飾等，處處都充滿樂趣……如果這本書能讓剛接觸的新手，也能從一盆多肉植物中發現新的趣味，這就是最讓我們感到開心高興的事了！

黒田健太郎・栄福綾子

Contents

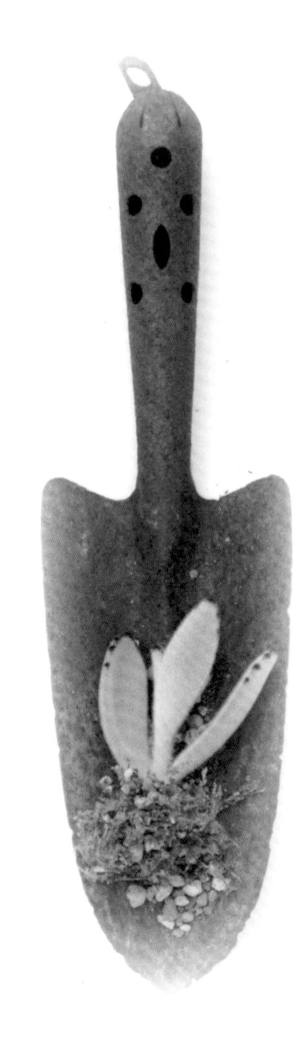

Chapter Ⅲ

配合裝飾的地點
製作創意滿點的組合盆栽

製作組合盆栽的基本

基礎知識

不只可愛
也容易栽培！

多肉植物的特徵&魅力

耐乾又強韌的植物

多肉植物主要原產於南非、馬達加斯加島、中南美等地。
為了適應極少降雨的沙漠、以及晝夜溫差劇烈的不毛之地等嚴苛的環境，它們進化變得非常強韌。

少澆點水也沒問題

為了在乾燥的環境中生存，多肉植物的葉、莖和根中都能儲藏水分和養分，以供繼續存活。因此，只要種在日照和通風良好的環境中，就不必太在意澆水量的問題。

不必花太多工夫

若栽培在類似原生地的環境中，它們生長的速度會很緩慢。
1至2年只需移植一次就夠了，不必多費工夫。
此外，它們原生於貧瘠的土地上，所以基本上不需要施肥。

簡單就能繁殖植株

多肉植物的生命力非常強，容易繁殖也是它們的優點之一。剪下的莖陰乾後，插入泥土中，或只要將脫落的葉子放在土壤上就能長根。非常簡單就能繁殖，樂趣無窮。

外形獨特 顏色也繽紛多彩

儲存水分和養分的智慧結晶，是肉厚、外形又獨特的葉與莖。
圓滾滾、毛絨絨、直挺挺……多肉植物擁有其他植物所沒有的外形與質感。
纖細的色彩差異、茶褐色、斑紋等，顏色也五彩繽紛。

品種變化豐富

多肉植物據說有兩萬多個品種，魅力無窮。
因品種數量豐富，能夠讓人隨心所欲地組合栽種。
靈活運用不同的外形、顏色和質感，能製作出變化豐富的組合盆栽。

變成顏色鮮麗的紅葉

天氣變冷後，多肉植物開始轉變成紅葉。暈染上紅色、粉紅等色彩，
能感受到與春至秋季截然不同的氛圍。
晝夜的溫差越大，它們的色彩就越美麗。

開出美麗的花朵

從多肉植物趣味的姿態，讓人很難想像它會開出可愛的花朵，
這也是多肉植物的妙趣所在。有些品種春季開花，
有些品種夏季綻放鮮豔的花朵。剪下花朵來欣賞時，
也不需要供給水分。

即使初學者也沒問題！
本書教你如何
最大限度地活用多肉植物
特有的外形、顏色和質感等魅力，
製作簡單、有趣又可愛的
組合盆栽訣竅。

活用多肉植物特色的簡單組合盆栽

Chapter Ⅰ
（P.13起）

具有肥厚獨特葉子的多肉植物，不只生長方式豐富多彩，質感和姿態也十分獨特。匍匐蔓生、向上伸展、垂枝、群生，以及毛絨絨質感等，本單元從選盆開始，教你活用多肉植物特色的栽培重點。

製作各種魅力風格的組合盆栽

Chapter Ⅱ
（P.35起）

若要突顯多肉植物的特色，盆缽和植物的組合是關鍵。本單元介紹許多盆缽材質、顏色、外形、質感與植物特色完美配合，創作出風格獨具、富魅力的組合盆栽。也能從作品中激發靈感，享受製作理想組合盆栽的樂趣！

配合裝飾地點，發揮巧思製作飾品或花圈

Chapter Ⅲ
（P.53起）

只要少許土壤就能栽種的強韌多肉植物，盆缽和容器的選用範圍極廣。搭配雜貨可作為立體裝飾，選用迷你盆栽種時則可當作室內裝飾，而大型植株能當作玄關擺設，剪下的枝葉還能製作花束或花圈等。本單元將介紹配合裝飾地點的許多創意。

本書的使用法

多肉植物的基本組合盆栽

組合盆栽從決定主角開始。
接著，一邊考慮植株間的平衡，一邊選擇配角。
先選大、中、小三種作為基本的植株，
陸續試著以最佳視角來種植。
這是初學者也容易搭配的組合方式。

準備工具

①多肉植物的植株（三個品種）
②素燒盆（4.5號）
③盆底網
④盆底石
⑤多肉植物專用培養土

＊關於專用土和盆缽，請參照P.92至P.93的詳細解說。

栽種前的準備

決定要作為主角的植株，
配合主角來選擇配角。

主角：紐倫堡珍珠（左）
配角：唇炎之宵（中）
　　　法利達（右）

基本的栽種法

以盆底網蓋住盆孔，盆底放入盆底石至⅕的高度。

一邊想像完成圖，一邊決定三種植株配置的位置。

放入泥土至盆缽一半的程度。輕輕弄散植株的土。不要撥弄根下的部分，而是從兩側輕輕剝下泥土。

從後方的位置開始種植。保留1至1.5cm的盛水空間，決定栽種的高度後，輕輕地蓋上土壤。

接著，種植配置在左側的植株。慣用右手者以逆時針種植較順手。

最後，種入剩餘的植株即完成。澆水不要淋到葉子上，一直澆到從盆底流出為止。

栽種時的注意重點

・種入後，用力壓土會使排水狀況變差，只需輕輕的撥平土壤即可。
・莖或葉埋入土中，恐會造成植株腐爛，注意別埋入土中太深。

美麗展示組合盆栽的兩個方法

有兩個方法能夠漂亮地展現組合盆栽。
一是清楚突顯一棵棵多肉植物的外形。
二是展現多肉植物的自然氛圍。
決定想表現的方向後，只要開始製作，
就能輕鬆完成喜愛的組合盆栽風格。

1

若要突顯每一棵多肉植物的外形 植株要保持間距

葉子漂亮地重疊，看起來像花一樣的擬石蓮屬，或具有透明感的十二卷屬等，使用這些個性品種組合時，建議植株之間保持距離。因為每棵植株有間距，才能突顯它們美麗的外形。改變植株間距的平衡，讓它們等距、距離較近或較遠等，就能變化出各種風貌。

2

若要製作自然&富整體感的組合盆栽 植株要密集地栽種

密集栽種多肉植物，讓植株彼此充分融合，能呈現自然的氛圍。想漂亮製作時有兩個訣竅。一是弄散根部的土，使植株纖細化（參照P.12），以方便種入植株之間。另一個是種植時加入角度。盆缽的邊緣種得矮一點，中央讓它隆起，使整體呈現繁盛茂密的美麗輪廓。垂枝品種若栽種得如同從盆缽邊緣溢出一般，不僅植物和盆缽能形成整體感，也更增添躍動感。

修整的訣竅

植株密集栽種時，通風會變差，植物容易悶壞。植株生長至某程度後，請適時修剪，以保持良好通風（P.95）。

栽種空間中 組合植株的處理法

植株比栽種的空間大時，有以下兩種處理法。
一是分株使尺寸變小，
另一種是密集栽種不可或缺的纖細化。

分株

植株比栽種空間大時，可分株栽種。只需以手慢慢地將植株分開，十分簡單。

1

從盆中取出植株的狀態。圖中是虹之玉。

2

以雙手拿著土壤部分，自然地從根部散開處剝開，慢慢地輕柔剝開即可。

3

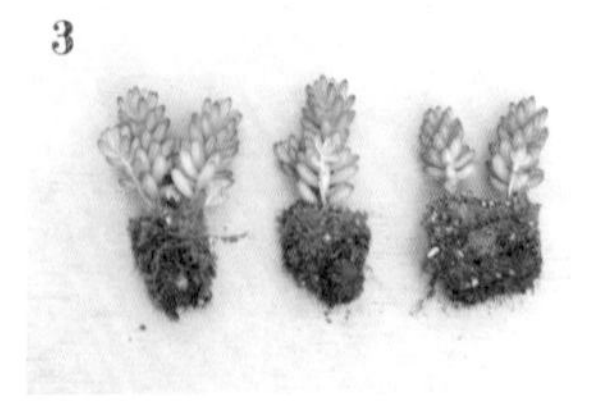

分成三株的狀態。最好配合植株的大小和栽種的空間來分株。

NG　請勿拿著莖或葉強行拉扯分株，以免莖、葉被扯破。

纖細化

密集栽種時，以這個方法弄散根部土壤。因植株變得細長，就算狹小空間也能種入許多植株。

1

從盆中取出植株的狀態。圖中是樹狀石蓮。

2

握著植物根部，輕輕地揉散根部周圍的土壤。根部正下方的土壤勿弄掉太多。

3

周圍的土壤脫落，植株變細長，較容易密集栽種。

NG　根部土壤不可弄掉太多，否則植株會不穩，變得不易種植，這點須注意。

美化土壤 表面的創意

在土壤表面加上裝飾，能完成更美觀的盆栽。配合氣氛，以裝飾的感覺來享受美化之樂吧！建議使用木屑料（bark chips）或腐養土等。

大顆浮石

想展示乾燥的氛圍時，適合使用浮石。不同大小和顏色能呈現不同的感覺。白色會給人乾淨的印象。

小顆赤玉土

這種土壤混雜各種培養土，顏色很樸素。適合想表現天然、質樸的氛圍時使用。

馴鹿苔（不凋花）

具有手作的感覺，想呈現清爽、輕鬆感時適用。不同顏色氛圍也不同，澆水也OK。

Chapter Ⅰ

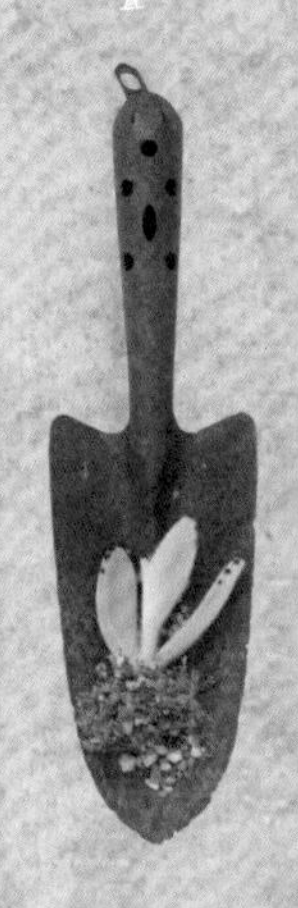

活用多肉植物特色的簡單組合盆栽

種類豐富的多肉植物，各品種的魅力點也不同。有的匍匐擴展，有的恣意向上生長，有的具有毛絨絨的質感……請一邊活用特色，一邊組合速配的植株製作組合盆栽。

使用匍匐型

姿態小巧，匍匐擴展的多肉植物，
栽種得如同從盆緣灑落般，完成後展現雅致氣氛。
使用長到某程度的植株，能呈現更天然的感覺。
比起只種一種品種，組合同性質的不同品種，
看起來好似只種一株，營造出纖細細緻的風貌。

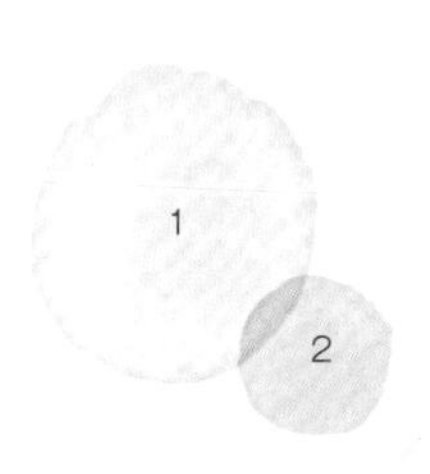

使用的多肉植物

- 小玉（P.89）
- 小銀箭（P.89）

準備工具

直徑12cm×高9.5cm的素燒盆

1

以雙手將小玉壓扁攤開。接著一邊如同要攤開包住小銀箭般拿著，一邊讓它從盆緣溢出般栽種《1》。

2

小銀箭種在旁邊的空間。和1的小玉緊鄰種入，中間不留空間（看上去像一株），才能漂亮組合《2》。

Point 這種栽種法也適合外形和尺寸類似，容易以顏色增添深淺變化的景天屬等。

使用向上伸展型

製作具有美麗輪廓，富高低層次的組合盆栽時，
最適合使用向上挺立伸展的多肉植物。
栽種時，基本上將組合盆栽的重心配置在後方。
這樣能強調縱向的線條，使盆栽顯得更華麗。
初學者可以挑選葉形類似的品種，較容易組合。

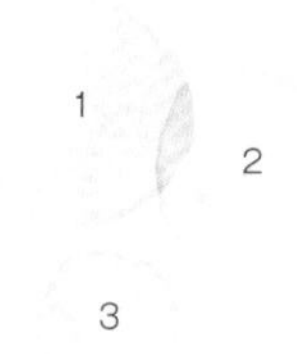

1 2

使用的多肉植物

〈右〉
- 仙人之舞（P.90）
- 銀之太鼓（P.90）
- 千兔耳（P.91）

〈左〉
- 黃麗（P.84）
- 若歌詩錦（P.91）

準備工具

直徑15cm×高7.5cm的琺瑯碗
直徑8.5cm×高8cm的琺瑯杯
＊因底部無孔，需放入防根腐劑。
大顆浮石

右／琺瑯碗

1

先在後方種入主角仙人之舞《1》。接著在右側種入中等高度的銀之太鼓《2》。最後種入較矮的千兔耳。

2

在前面種入千兔耳《3》。最後，在土的表面鋪上浮石即完成。裝飾在室內時，建議盆栽最好呈現出潔淨感。

左／琺瑯杯

種入黃麗後《1》，在右側種入高度較低的若歌詩錦《2》。從高度較高的植株開始種起較容易。之後在土的表面鋪上浮石即完成。

Point 仙人之舞的葉子，正、反兩面的顏色不同。為了和葉背的灰色有整體感，這裡選用銀之太鼓和千兔耳。

使用群生型

在母株周邊悄悄地增殖子株，恣意群生的小巧多肉植物，
外形不但立體，還散發出一股詼諧的氛圍。
活用凹凸起伏姿態來組合，簡直就像拼圖一般。
植株之間若保留空隙，能突顯各品種的輪廓，
成為風格獨具的盆栽。變換栽種植株的角度也能改變氛圍。

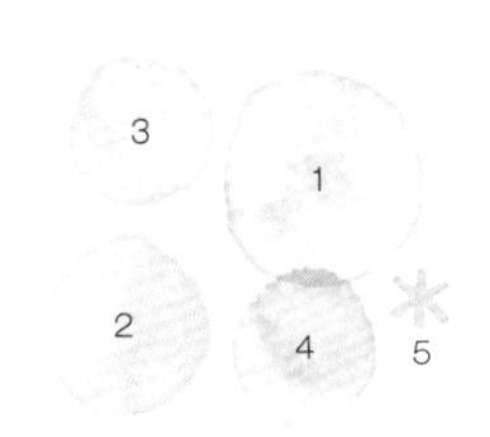

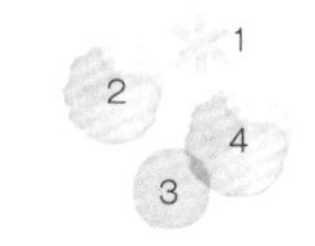

上／粉紅大

左前方種入艾格利旺，右後方種入顯眼的紫色紫麗殿，《1・2》。之後，依序種入月影、姬秋麗和玉雪《3至5》。

下／粉紅小

左端種入姬秋麗，再種入象牙塔《1・2》。之後，種入伊莉雅《3》，植株間的距離留寬一些，會顯得更有魅力。

中／藍色

在後方種入桃美人，逆時針方向旋轉先種入天竺《1・2》。之後，再依序種入玉綴和天竺《3・4》。小株種得緊密一些，不要種得太分散。

大小交錯排列的粉紅和藍色容器中，有節奏的種入不同的群生型多肉植物，就成為了很棒的室內裝飾。

使用的多肉植物

〈上〉
- 紫麗殿（P.84）
- 艾格利旺（P.85）
- 月影（P.82）
- 姬秋麗（P.86）
- 玉雪（P.85）

〈中〉
- 桃美人（P.83）
- 天竺（P.86）
- 玉綴（P.87）

〈下〉
- 姬秋麗（P.86）
- 象牙塔（P.83）
- 伊莉雅（P.86）

準備工具

上：直徑15cm×高6cm的陶器
中・下：直徑9cm×高5cm的陶器
＊因底部無孔，需放入防根腐劑。

Point 粉紅色容器中，選擇粉紅色系為主的品種栽種；藍色容器中選擇粉綠色調為主的品種栽種。

使用垂枝型

長著長莖的品種，可活用其長度，
以吊掛式盆缽栽種讓它的莖垂下來，
能夠展現出高質感的自然氛圍。
只種一種會顯得單調。組合不同色調的品種，
就能完成有微妙色調差異的美麗盆栽。

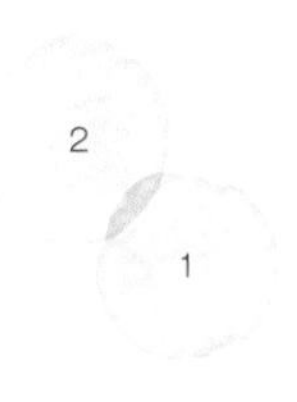

使用的多肉植物

綠之鈴錦（P.88）
愛之蔓（P.88）

準備工具

直徑9.5cm×高10cm的吊掛式盆缽

垂枝的品種，大多數以纏枝的狀態販售（上圖右）。組合時，請先將纏繞的莖弄散開來。

在前方種入綠之鈴錦，大約占盆缽一半的面積《1》。最好讓莖都垂到前方。

另外準備稍大一點的盆子，將底部不穩的吊掛式盆缽放在裡面，這樣能避免盆子搖晃，較方便作業。

在盆缽的後側種入愛之蔓《2》。一邊確認吊掛盆缽的栽種狀態，一邊將愛之蔓和綠之鈴錦的莖相互交錯融合。

Point 帶斑紋的品種，建議旁邊搭配深綠色的品種，這樣能相互襯托，變得更顯眼漂亮。

各類型混合栽種

不同類型的品種組合種在一盆的優點是，
能夠相互襯托、突顯彼此的特色，
這次使用「垂枝」、「群生」和「向上伸展」三種類型。
「垂枝型」種在後方，讓下垂的莖流洩在前方，
小小的一盆也能呈現自然的動態氛圍。

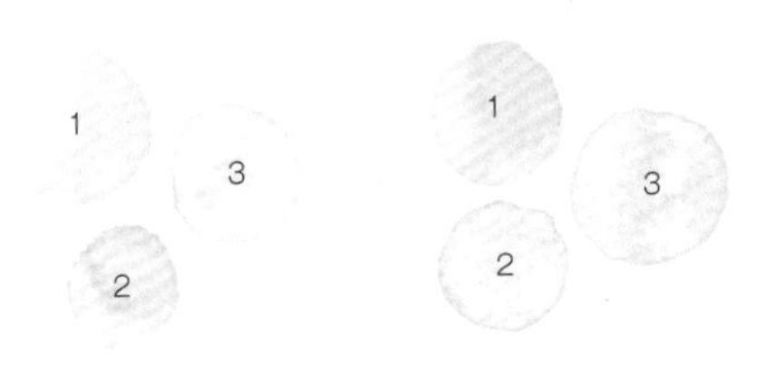

使用的多肉植物

〈右〉
- 黃花新月（P.88）
- 虹之玉錦（P.84）
- 愛星（P.84）

〈左〉
- 玉綴（P.87）
- 千代田之松（P.89）
- 銘月（P.85）

準備工具

寬7.5cm×長7.5cm×高5cm的木盒2個

＊ 在底部鑽出排水孔（→P.52）。

右／盒1

在左後方種入垂枝型的黃花新月《1》，將它種得感覺像要從木盒中溢出一般。

在黃花新月的前方種入群生型的虹之玉錦《2》，再種入向上伸展的愛星《3》。黃花旁種入粉紅色植株，具有突顯黃花的作用。

將種在左後方的黃花新月的垂枝，如同填滿虹之玉錦的縫隙般讓它垂到前面，盆栽完成後顯得更自然。

和3一樣將黃花星月的垂枝，從右側的愛星的莖之間穿出，這樣側面也能呈現動態感。

左／盒2

垂枝的玉綴種在左後方，將它種得好似從盆中溢出一般《1》，群生的千代田之松種在前方《2》。最後，種入向上伸展的銘月《3》。

Point 左後方配置「垂枝」，前方種入較矮的「群生」，右方種入「向上伸展」等各類型，才能保持平衡。

組合毛絨絨質感型

被覆著白毛，毛絨絨的橢圓形葉子如兔耳一般。
即使是同類品種，有斑紋或無斑紋等
也有各種差異，那也是識別品種的方法。
它們的共通點是灰色調的成熟氛圍。
若搭配有趣的容器，會給人沉穩的印象。

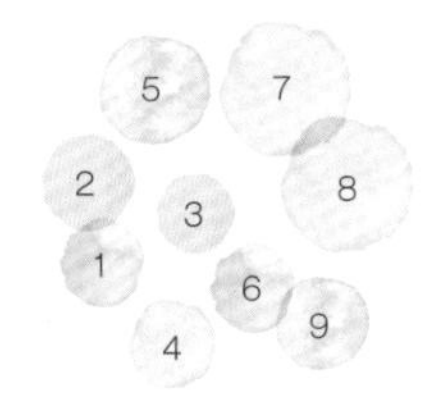

使用的多肉植物

- 黃金兔（P.91）
- 福兔耳（P.91）
- 月兔耳（P.91）
- 黑兔（P.90）

準備工具

直徑11cm×高7cm的
馬口鐵製容器（復古型）
＊在底部鑽出排水孔（→P.52）。
小顆赤玉土
裝飾土用填土器

1

黃金兔和容器邊緣稍微保留點距離種入《1》。栽種整體時，要留意植株和容器邊，以及植株之間都要保留距離，以突顯毛絨絨的質感。

2

在黃金兔的後方，並排種入大、小的福兔耳《2・3》。小株的稍微種在前面一點。黃金兔的右方再種入月兔耳《4》。

3

依序種入黑兔和黃金兔《5・6》，在後方種入月兔耳《7》。

4

再依序種入月兔耳和黑兔即完成《8・9》。從盆子的正面來看，為了能看到所有的品種，前方種入較矮的植株，這樣各品種的差異性便能一目瞭然。

5

最後，在整個土表輕輕覆蓋一層赤玉土。讓毛絨絨質感特有的乾燥氛圍更加突顯。最後，插入裝飾用插牌即完成。

Point 白毛中長有黑斑點的月兔耳雖然很普通，但市面上有許多變種，園藝名均為「○○兔耳」。

組合高人氣擬石蓮屬

葉子重疊形成蓮座狀的擬石蓮屬，
不僅種類豐富，大小和葉色的變化也十分豐富。
但因為形狀類似，若只是組合擬石蓮屬，
最好搭配不同的大小，運用尺寸的差異來增添變化。
此外，保持間距栽種使外形清楚呈現，作品會更加漂亮。

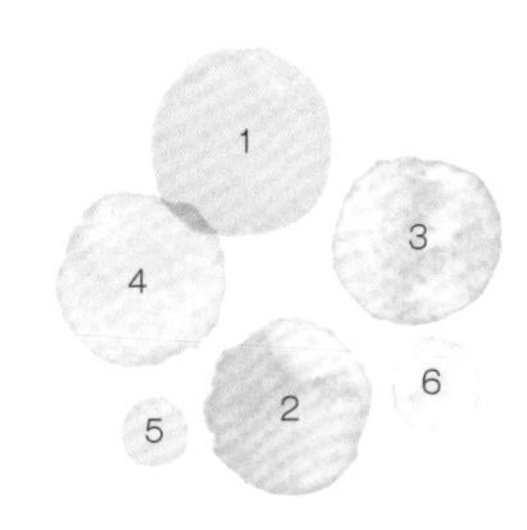

種入大雪蓮《1》，接著種入初戀《2》。若有大植株時，先從大的開始種起較容易。

使用的多肉植物

- 大雪蓮（P.82）
- 初戀（P.82）
- 多明哥（P.85）
- 伊莉雅（P.86）
- 阿爾巴月影（P.85）
- 野玫瑰之精（P.91）

準備工具

直徑22cm×高11cm的濾水盆
＊去除把手。

種入多明哥，在對角線種入伊莉雅《3．4》。在最前方種入小型的阿爾巴月影《5》。最後，種入野玫瑰之精即完成《6》。

Point 以濾水盆取代盆缽，為配合濾水盆的顏色，統一選用泛銀色的淺色品種。

只使用景天屬

葉子小巧可愛，品種又豐富的景天屬，人氣極高。
它們的枝如匍匐般伸展，若搭配有高度的容器，
栽種時讓長枝從邊緣垂下，能展現自然的氛圍。
使用兩個以上品種時，不同的品種相鄰栽種，
讓長枝隨意交錯，是使作品更美觀的訣竅。

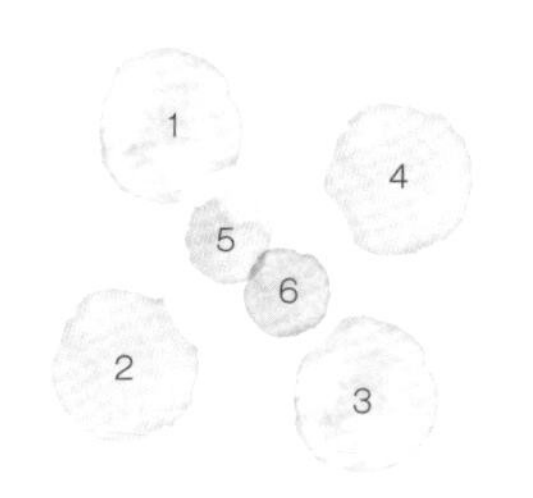

使用的多肉植物

- 大唐米（P.88）
- 斑紋圓葉萬年草（P.89）

＊全部分株（→P.12）。

準備工具

上：直徑8cm×高7cm的馬口鐵容器
下：直徑15cm×高12cm的馬口鐵容器

＊高腳果盤形花器（下層）中，
疊放入同質感的杯子後使用。
＊在底部鑽出排水孔（→P.52）。

1

斑紋圓葉萬年草是將一盆的植株分量，以4：4：2的比例分成3份。大唐米也同樣地分株。

2

將在**1**分成比例4的大唐米的根弄散，讓它橫向擴展，植株平放。另一個分為比例4的植株也同樣地作業，全部種在下層。

3

先將大唐米如橫向擴展般種入《1》。斑紋圓葉萬年草也同樣地種入《2》，讓它的莖和大唐米的交錯相融。

4

和**3**相同地，種入大唐米和斑紋圓葉萬年草《3．4》。上層種入剩餘的斑紋圓葉萬年草和大唐米，讓莖交錯相融《5．6》。

Point　景天屬生長得太茂密會遮住盆缽，破壞美感，在還未遮住盆缽前修剪，以保持外觀。

只使用十二卷屬

十二卷屬的葉子表面呈透明感的草姿，令人印象深刻。
這個被稱為「窗」的結構，能夠透入光線。
因為它們原本嵌在岩石裡生長，因此不耐陽光直射。
它們喜好室內或室外的半日陰環境，
只用十二卷屬製作組合盆栽，管理上比較輕鬆。

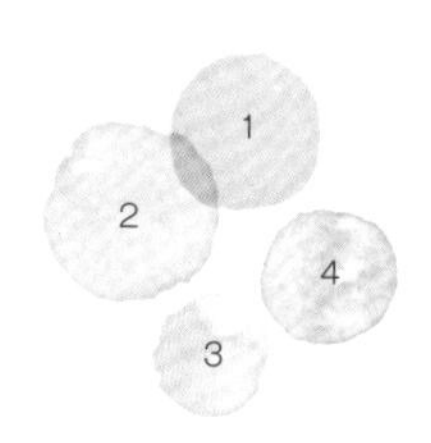

使用的多肉植物

- 寶草（P.86）
- 達摩寶草（P.86）
- 白蝶（P.83）
- 神苑（P.86）

準備工具

直徑18cm×高13.5cm的素燒盆
小顆赤玉土

在盆子右後方種入寶草《1》。接著在左側種入達摩寶草《2》。慣用右手者，以逆時鐘方向作業比較順手。

在盆子左前方種入白蝶《3》。最後種入神苑《4》。後方種入較高大的植株，前方種入較低矮的植株，這樣平衡感較佳。

在土的表面鋪入裝飾用赤玉土即完成。只要改變表土的顏色，作品就能呈現乾燥的感覺。

Point 一邊考慮前低後高的配置法，一邊讓葉色和形狀不同的品種相鄰，以增加變化。

盛開黃花的可愛乙女心

具有飽滿圓潤淺綠色葉子，
隨著秋意漸濃，葉尖也會泛出紅色。
正如它的名字般，乙女心的姿態猶如少女般嬌羞可愛。
緩慢伸展的花芽會綻放出可愛的黃色小花，
從花芽伸出到綻放，能夠長時間地享受觀賞花期。

使用的多肉植物

乙女心（P.84）

準備工具

直徑13.5cm×高12.5cm的素燒盆
大顆浮石

乙女心種好後，為了遮住土表，可鋪上浮石。浮石與盆缽的色彩一致，使盆栽呈現輕爽的感覺。

Point 將長得太長的莖剪下插枝，就能輕鬆繁殖。但不適合採取葉插法。

紅白對比美麗的紅稚兒

到了紅葉期，葉和莖都染成鮮紅色，簡直就像紅珊瑚般。
挺立伸出的花莖雖然也變成紅色，但卻開出白色的小花！
紅白華麗的對比，是紅稚兒特有的風情。
若想充分享受其魅力，挑選盆缽非常重要。
種入塗成綠色的空罐，使作品散發出躍動感。

使用的多肉植物

紅稚兒（P.91）

準備工具

直徑13.5cm×高12.5cm的空罐
＊在底部鑽出排水孔（→P.52）。

植株的大小和罐子大致相同時，將根稍微弄散後再種植。以筷子將土壓到底部，再將罐底敲敲桌子讓土均勻。

Point　植株若種在比它大一圈的盆缽時，若澆太多水容易爛根，要特別留意。

多肉植物的另一種玩法
和草花一起栽培，或種植在地上

喜好乾燥環境的多肉植物，和其他的植物一起栽種，因為較難管理，所以基本上都是和多肉植物組合栽種。依不同的品種，有的也能和草花一起組合，或種植在地上。最適合的品種是具匍匐性又耐寒的景天屬類。這次，我們以三種景天屬多肉植物當作小草，來突顯主角風信子。不過，像三色堇這類繁殖力旺盛，迅速橫向擴展的草花，會很快遮住辛苦栽種的景天屬，因此不建議挑選該類草花。

若作為地被植物運用，多肉植物的強韌生命力令人吃驚。寒冬時即使地上部分已枯萎，但到了春天依然會發芽。就請試著挑戰各種栽種方法吧！

和球根花組合

多肉植物和澆水頻率低的球根類非常速配。尤其是種在向上伸展的風信子或水仙的底部，能使主花更加顯眼。

種在底部的是珍珠萬年草、黃金圓葉萬年草（P.88）、斑紋覆輪萬年草。讓長莖從盆中垂下，成為令人印象深刻的盆栽。

作為地被植物

在庭園的鋪路石間覆蓋著灰毛景天。龍血、大唐米（P.88）等都很適合作為地被植物。

Chapter Ⅱ

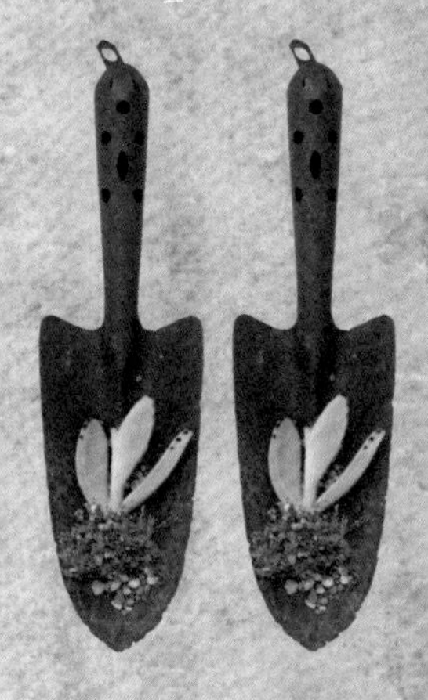

製作各種魅力風格的
組合盆栽

組合盆栽的風格，有時是從盆缽或容器獲得靈感，

有時則是從多肉植物的特色激發創意。清爽風、雅致風……

請組合容器和多肉植物，創作出各種風格的組合盆栽吧！

相信你一定會滿意得想和更多人分享！

藤籃×具動態感的多肉植物
展現柔和&自然氛圍

製作自然風格組合盆栽時，要避開衝擊感強的品種，
訣竅是組合小葉、顏色和形狀有趣的品種。
若使用莖長至某長度的植株，還能增添動態與延伸感。
話雖如此，但整體都很柔和時魅力反而會減半。
這時只要加入一種外形鮮明的品種，就能令人印象深刻。

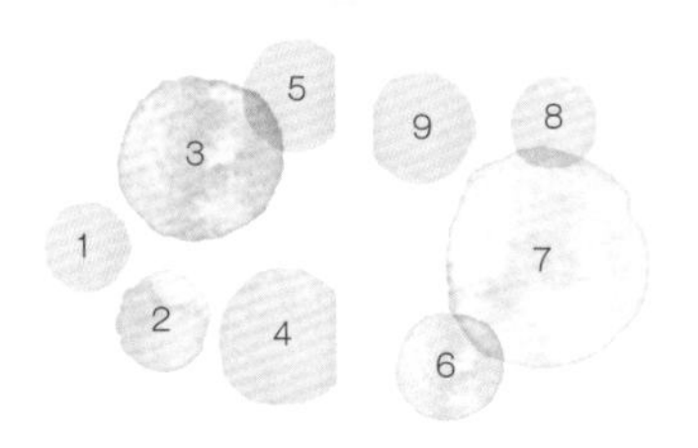

使用的多肉植物

- 粉雪（P.87）
- 小水刀（P.89）
- 新玉綴（P.87）
- 魯冰（P.87）
- 紫月（P.88）
- 夕映（P.82）

＊粉雪、魯冰需分株（→P.12）。

準備工具

寬20cm×長11cm×高9cm的附提把藤籃
＊含提把的高度是15cm。
玻璃紙

1

和P.47的1相同作業，在玻璃紙的底部位置釘出排水用孔，鋪入籃中。放入盆底石和土，沿著邊緣裁掉玻璃紙多餘部分。

2

在左側依序種入粉雪和小水刀，將長莖栽種得像從籃中躍出一般《1・2》。讓後方的新玉綴往前面傾斜栽種《3》。

3

提把附近的前方種魯冰，後方種粉雪《4・5》。為避免提把將盆栽分成左右兩半，利用具有動態感的粉雪呈現整體感。

4

在右前方種入紫月，讓它從籃邊垂下，右側種入作為重點特色的夕映《6・7》。

5

種入魯冰和粉雪《8・9》。種入後，一邊將種在後方的粉雪《5・9》的莖，和其他的多肉植物交纏，一邊讓它伸到前方或側面，以呈現動態感。

Check!

完成後從正面觀看的樣子。整體隆起成山形，活用莖的動態感，營造出莖從中央往左右伸展的流動線條，成為洋溢自然氛圍的組合盆栽。

Point 使用藤籃時，若直接種在籃子裡容易腐爛，所以要鋪上已打孔的玻璃紙。

1981
WEST-VLAANDEREN
1983

以樸素的木盒×鮮麗多彩的多肉植物
展現自然風格

這個實景模擬風格的組合盆栽，呈現墨西哥鄉村的風情。
因為每一棵植株，都具有描繪風景的重要作用，
因此選用具有特色的品種，來比擬實際的景物。
配置時，注意要能清楚呈現草姿和葉形，
並活用空間，才能製作出具有戲劇性的組合盆栽。

使用的多肉植物

- 晃輝殿（P.82）
- 銘月（P.85）
- 赤鬼城（P.83）
- 筒葉花月（P.83）
- 雅樂之舞（P.87）
- 若綠（P.90）
- 艾麗莎（P.83）
- 野玫瑰之精（P.91）
- 照波（P.89）
- 珍珠萬年草（P.88）
- 微風天使（P.89）

＊將珍珠萬年草和微風天使分株（→P.12）。

準備工具

寬20cm×長25cm×高8cm的分格木盒
姬沙羅（Stewartia monadelpha）的果實
裝飾用標示牌2種

1
最先種入高度高，作為象徵性植株的晃輝殿《1・2》。栽種時活用莖的生長方向，使盆栽更添趣味。

2
接著，栽種顏色豔麗的品種。在前方顯眼處種入紅葉期變黃色的銘月，以及變成紅色的赤鬼城《3・4》，作為整體的重點。

3
在後方種入筒葉花月，移至前一排種入雅樂之舞和若綠，再前一排的右端種入若綠《5至8》。在赤鬼城的右方種入艾麗莎《9》。

4
在赤鬼城左方種入野玫瑰之精，在最前排種入照波《10・11》。接著，散種匍匐般擴展的珍珠萬年草和微風天使《12至15》。

5
插上兩片裝飾用標示牌。整體撒上姬沙羅的果實。撒入的量視不同位置或多或少，以增添強弱的層次感。

Point 將珍珠萬年草和微風天使種得猶如從木盒框格中溢出一般，能使盆栽呈現整體感。

以白色盆缽×灰色調多肉植物
呈現洗練雅致的風情

從晚秋開始承受寒冷，轉變為美麗色彩的多肉植物的
泛灰葉色，白色的盆缽將它們襯托得更美麗。
大膽使用恣意生長的植株，為靜謐的世界
增添躍動感。類似的顏色不要緊鄰配置，
讓它們對比呈現，這樣就能展現更豐富的風貌。

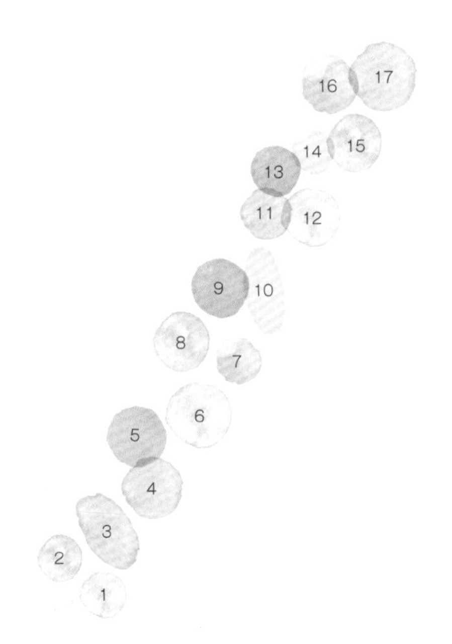

使用的多肉植物

- 薰衣草（P.87）
- 舞乙女（P.87）
- 迷你蓮（P.86）
- 雨心錦（P.88）
- 變色龍（P.87）
- 新玉綴（P.87）
- 普諾莎（P.87）
- 星之王子（P.87）

＊除變色龍之外，全部分株（→P.12）。

準備工具

長30cm×寬7cm×高9cm的
白色鐵製花器

因為使用長到某程度的植株，所以要進行分株。為避免弄傷根部，拿著根部慢慢地分開。根部很纖細請小心地進行。

從左側開始依序種入薰衣草、舞乙女和迷你蓮，讓植株稍微朝左前方傾倒《1至3》。重點是讓從盆中溢出的莖的分量保持平衡。

雨心錦、變色龍和薰衣草朝左傾斜種入，再朝前傾斜種入新玉綴《4至7》。彷佛圍住新玉綴般讓薰衣草垂下。

種入舞乙女、普諾莎和星之王子，再種入迷你蓮《8至11》。中心部分（有高度的部分）的植株直立栽種即可。

薰衣草、普諾莎、星之王子和舞乙女朝左側傾倒栽種《12至15》。越往邊端，植株傾倒的角度越大，盆栽顯得越自然。

新玉綴朝左傾斜種入《16》，再種入雨心錦《17》。最後因為較難種，將土挖深，將根部確實地種入。

Point 組合盆栽的中心部分（最高的位置），比花器實際的中央偏右一些，能給人舒展開來的印象。

以綠色蛋糕模型×同色系多肉植物
展現優雅清爽氛圍

要表現清爽風格時，只有淺綠色略嫌不足。
重點是混合濃淡色彩，讓彼此相互突顯襯托。
一邊以同色系整合，一邊製作看不膩的組合盆栽，
要訣是以植株不同的大小和葉形來加以變化。
交錯栽種大植株和矮植株，以增添高低層次變化。

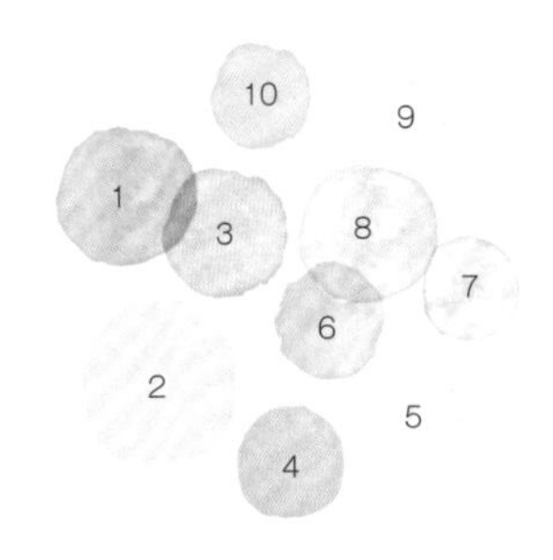

使用的多肉植物

- 圓貝景天（P.84）
- 綠牡丹（P.85）
- 靜夜玉綴（P.87）
- 圓葉萬年草（P.89）
- 灰毛景天（P.88）
- 春萌（P.85）
- 久米之舞（P.84）
- 桃之嬌（P.82）
- 大唐米（P.88）

* 灰毛景天須分株（→P.12）。
* 全部的植株予以纖細化（→P.12）。

準備工具

直徑15cm×高8cm的
復古蛋糕模型
* 在底部鑽出排水孔（→P.52）。

若要混種不同大小的品種時，決定配置尤其重要。先暫時決定較大的綠牡丹、桃之嬌、春萌和靜夜玉綴的位置。

從左側開始種入圓貝景天、綠牡丹和靜夜玉綴，莖的前端朝向外側般加入角度來栽種《1至3》。

如同從邊緣溢出一般，種入圓葉萬年草和灰毛景天《4．5》。在其內側向前傾斜種入春萌《6》。

種入久米之舞和桃之嬌《7 8》。整體上，大植株的旁邊種入矮植株，以形成高低層次，栽種時最好注意到色彩的連結感。

旋轉容器，將灰毛景天如同從邊緣溢出般種入《9》，剩餘的縫隙間，種入大唐米即完成《10》。

Point　讓垂至中央前方的圓葉萬年草的莖，和相鄰接的多肉植物的莖交纏，更能呈現動態感與自然的氛圍。

以高腳花器×雅致的多肉植物
營造古典氛圍

有高度的盆缽，搭配垂枝型品種，能呈現優美的氣氛。
一邊將顏色和垂枝狀態不同的品種和不下垂的多肉植物
交錯組合，一邊種入，就能完成如此漂亮的盆栽！
雅致色彩的植株中，以粉紅祇園之舞作為重點，
再搭配翠星等淺色植株，便完成這盆有陰影效果的立體盆栽。

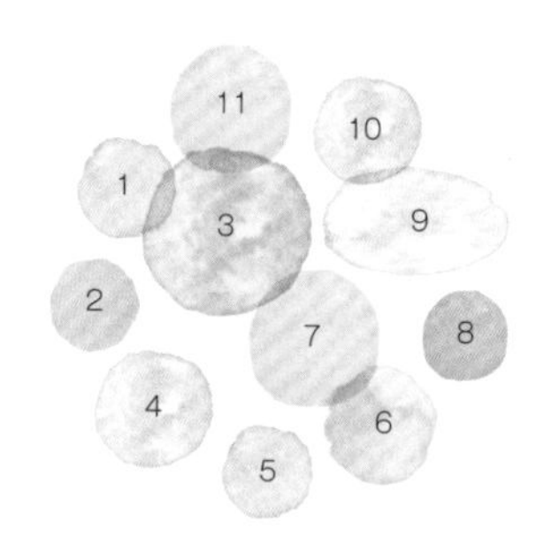

使用的多肉植物

- 龍血（P.88）
- 大弦月（P.88）
- 群雀（P.85）
- 筑波根（P.84）
- 粉紅祇園之舞（P.82）
- 翠星（P.87）
- 京童子（P.88）
- 雨心錦（P.88）

＊龍血、筑波根和翠星須分株。（→P.12）。
＊全部植株予以纖細化（→P.12）。

準備工具

直徑16cm×高21cm的高腳花器（有孔）
＊因為有深度，先放入缽底石至一半的高度，更有利排水。

1

向外側傾斜種入龍血和大弦月《1・2》。配合其角度再稍微傾斜地種入群雀《3》。

2

筑波根和龍血也朝外側傾斜地種入《4・5》。作為重點的粉紅祇園之舞，最好也是正面朝外側傾斜地種入《6》。

3

在粉紅祇園之舞的後方，種入翠星以呈現高低層次《7》。從盆缽側面來看，如畫半圓般盆邊的植株種得較低，而中央種得較高。

4

以自己的正面為基準旋轉盆子，讓種植多肉植物的位置來到面前，在粉紅祇園之舞的右方，讓莖下垂般傾斜種入京童子《8》。

5

種入雨心錦和筑波根《9・10》，再種入翠星填滿間隙，在外側一邊加上角度，一邊栽種即完成《11》。

Point 密集栽種許多植株時，慣用右手者從左側以逆時鐘方向種植較方便。

以籃子×蓮座狀多肉植物
展現壁飾花園風格

集合具有蓮座狀葉形，小型品種的多肉植物，
如描繪畫作般栽種，就完成壁飾花園風格的盆栽。
以姬朧月為中心，配置七種蓮座狀植物。
同類是一邊作出高低差一邊種入，營造出存在感。
景天屬類，則從籃子邊緣開始填滿縫隙。

使用的多肉植物

- 姬朧月（P.84）
- 花麗（P.82）
- 綠牡丹（P.85）
- 野玫瑰之精（P.91）
- 白牡丹（P.91）
- 玉雪（P.85）
- 伊莉雅（P.86）
- 桃之嬌（P.82）
- 黃金圓葉萬年草（P.88）
- 高千穗（P.83）
- 大衛（P.89）

＊黃金圓葉萬年草、高千穗、大衛須分株（→P.12）。

準備工具

寬20cm×長15cm×高8cm的籃子
馴鹿苔（不凋花）
玻璃紙

配合籃子的大小（底和側面）裁剪玻璃紙，在底部部分每間隔3至4cm，釘出排水孔。

在籃子裡鋪入玻璃紙，再放入缽底石和土，配合籃子的高度，剪掉多餘的玻璃紙。

如畫三角形般種入作為重點的姬朧月《1至3》。種入每株都要變換角度，以呈現豐富的風貌。

在姬朧月的周邊，種入花麗、綠牡丹和野玫瑰之精《4至12》。不要散亂栽種，一邊加入高低差，一邊穩固栽種。

接著種入白牡丹、玉雪、伊莉雅和桃之嬌《13至17》。以分好株的黃金圓葉萬年草，填補籃子的邊角和間隙《18至21》。

以分好株的黃金圓葉萬年草、高千穗和大衛填補縫隙《22至33》。最後，以裝飾用的馴鹿苔覆蓋土壤即完成。

Point 作為背景的兩種匍匐性多肉植物，選擇顏色和形式都不同的品種，以突顯蓮座狀外形的魅力。

以灑水器×不同類型的多肉植物
享受庭園風格的趣味

使用灑水器，享受荒野的氛圍吧！
利用「垂枝」好似從壺邊溢出般的品種，
以及自由任意「向上伸展」的品種來突顯野趣。
為避免種入植株被提把分割，栽種法要費點工夫。
但是植株長得太茂密遮住提把也不妥，因此別忘了修剪。

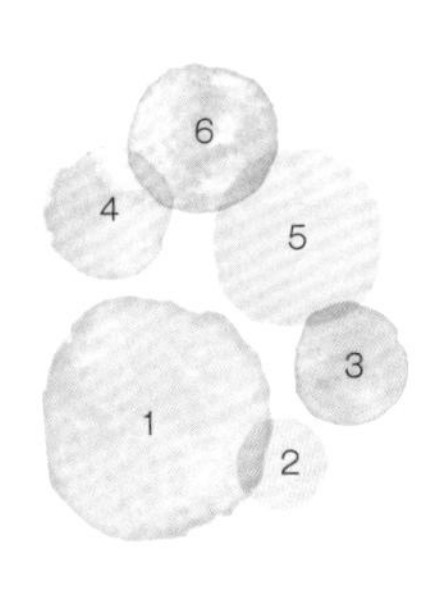

使用的多肉植物

- 春萌（P.85）
- 大弦月（P.88）
- 大唐米（P.88）
- 銀之太鼓（P.90）
- 乙女心（P.84）
- 白晃星（P.90）

準備工具

寬48cm×高32cm的復古灑水器

* 包含提把到壺嘴。
* 栽種多肉植物的空間是20×8cm的半橢圓形。
* 在底部鑽出排水孔（→P.52）。
* 因為壺有深度，先放入⅔高度的缽底石，以利排水。

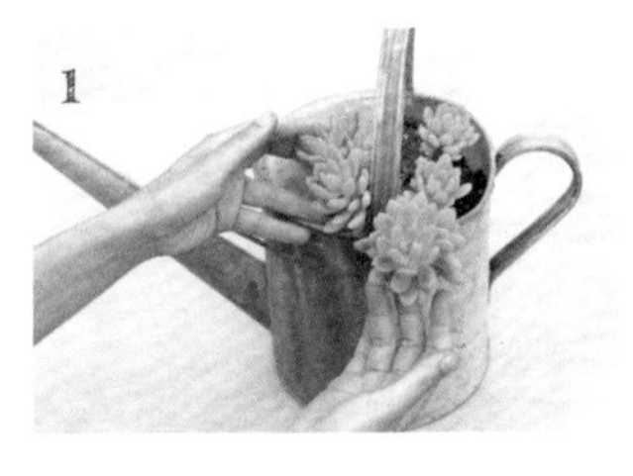

將生長至某程度的春萌種入灑水器的內側，讓莖感覺像從提把左右散開般，加入角度種植讓它們倒向外側《1》。

大弦月和大唐米朝外側傾斜種入，讓垂枝從邊緣垂下《2・3》。將一至二根莖和春萌交纏，能呈現更自然的氛圍。

選擇樹狀姿態佳的銀之太鼓，讓莖從提把的左側伸出，加入傾斜角度栽種《4》。

在銀之太鼓的右側，種入長大至某程度的乙女心《5》。使用從一株中長出三子株的植株，以產生躍動感。

在白晃星的內側傾斜種入《6》，如同將乙女心的分枝形成的空間填滿，讓盆栽呈現質量感和一體感，完成後才會更美觀。

Point 馬口鐵製灑水器底部打孔後，塗裝剝落容易生鏽。請放置在弄髒也無妨的戶外欣賞。

以空罐×容器顏色突顯多肉植物
展現繽紛的普普風格

使用空罐就能輕鬆讓多肉植物換新裝。
只要塗上喜歡的顏色，轉瞬間便令人耳目一新！
使用豔麗的素色，如紅、黃、綠等，
就會顯得熱鬧又有流行感。罐子顏色很有個性時，
多肉植物便以淡色為主，或加入強烈色作為重點也很有趣。

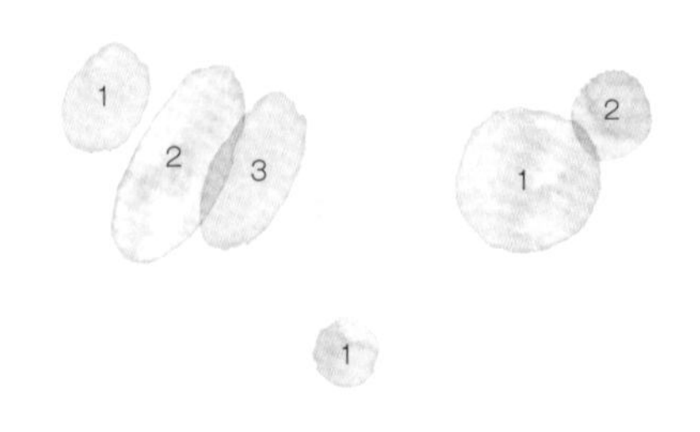

使用的多肉植物

〈右〉
- 銘月（P.85）
- 黃花新月（P.88）

〈左〉
- 印地卡（P.83）
- 銀箭（P.83）

＊印地卡須分株（→P.12）。

〈中〉
- 黃金圓葉萬年草（P.88）

準備工具

右：直徑7.5cm×高7.5cm的鐵罐
左：直徑7cm×高8cm的鐵罐
中：寬4cm×長4cm×高6cm的鐵罐
＊在底部鑽出排水孔（→P.52）。
曬衣夾

右／紅色鐵罐

將高度較高、作為主角的銘月種在左前方《1》。

在銘月的右後方種入黃花新月《2》。沿著罐緣，讓莖從後方往左右的前方垂下，能呈現更自然的氛圍。

在鐵罐右端夾上塗成藍色的曬衣夾，讓黃花新月搭在上面以增加高度。這樣整體不但更具動態感，藍色也成為讓人好心情的重點。

左／黃色鐵罐

圖中是從左端已種入印地卡和銀箭的狀態《1・2》。接著，在右端種入印地卡《3》。兩端的印地卡種得較矮，銀箭種得較高，讓盆栽輪廓呈隆起狀。

中／綠色鐵罐

配合罐子的大小，種入適合大小的黃金圓葉萬年草。因為它是匍匐生長型，生長後讓莖從緣邊垂下，會顯得更可愛。

Point 在空罐上貼上喜愛的貼紙，或夾上作為重點的夾子等，能享受發揮各種創意的樂趣。

以手工盆缽製作組合盆栽，更具樂趣！

多肉植物很適合搭配樸素不做作的容器。
像是空罐、素燒盆等，不妨將身邊小容器加點工，
手工作出能使多肉植物呈現更豐富樣貌和質感的盆缽吧！

在罐底釘出排水孔以取代花盆

空罐或在雜貨店發現的喜愛鐵罐等，
只要在底部釘出排水孔，就會變身為很棒的盆缽！
為避免損傷桌子，請先鋪上板子再開始作業。

準備工具
鐵罐・粗釘・釘鎚・板子

粗釘豎著放在罐底中央，以釘錘釘孔。

重複步驟1的作業，在罐底均勻釘孔即完成。配合罐子和排水孔的大小，來增加孔的數量。

這個也很實用

打洞器（圖片中央。在五金行等地能購得），能夠更輕鬆地打出大孔。

油漆花盆，成為獨創的盆缽

多花點工夫，素燒盆也能變成組合盆栽的重點。
只是塗上壓克力顏料，風貌就變得豐富多彩，
若在顏料中混入泥土讓它呈現粗糙感，會更有韻味。
不僅是花盆，鐵罐等材質也能享受上色的樂趣。

準備工具
素燒盆・壓克力顏料2色・
筆・土・
砂紙（粗紋）

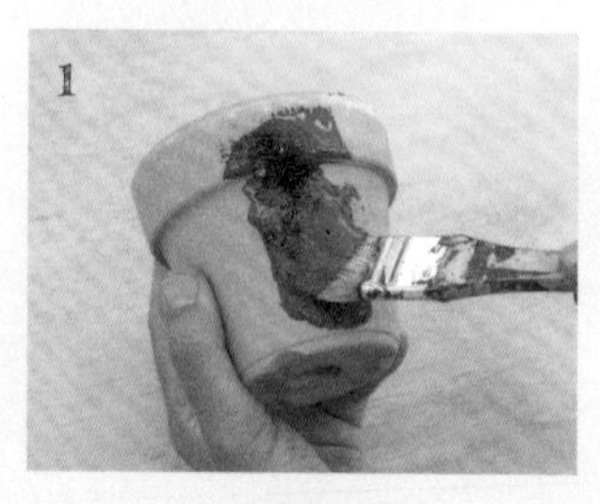

在素燒盆上，慢慢地塗上壓克力顏料，撒上土，重複這樣的作業，直到整體都塗上顏色。

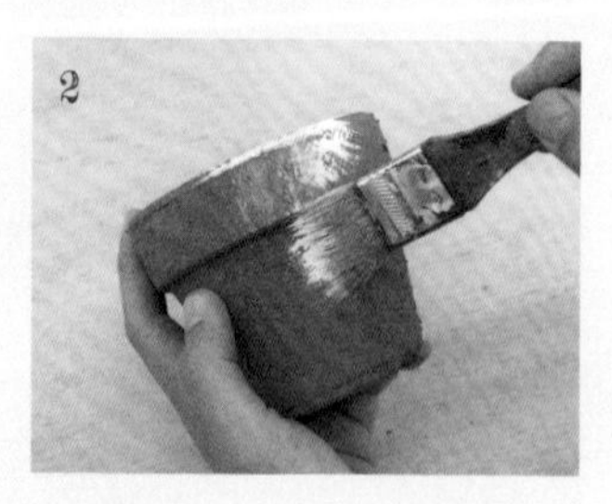

等花盆徹底變乾後，不要損壞剛剛塗上的顏色，再塗上不同的壓克力顏料。

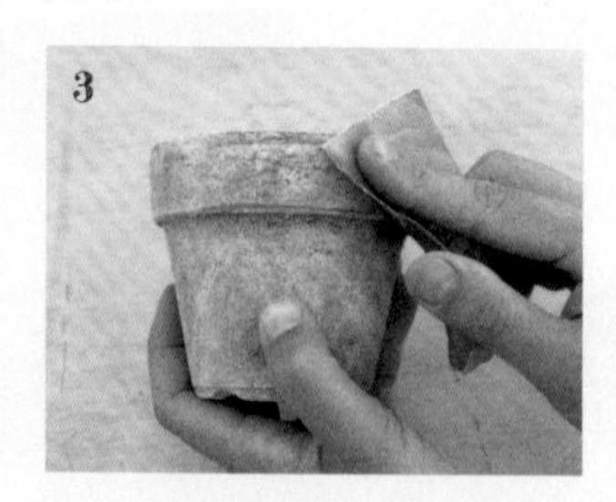

以砂紙輕輕打磨塗好顏料的花盆整體，這樣就能呈現樸素自然的氛圍。

Chapter Ⅲ

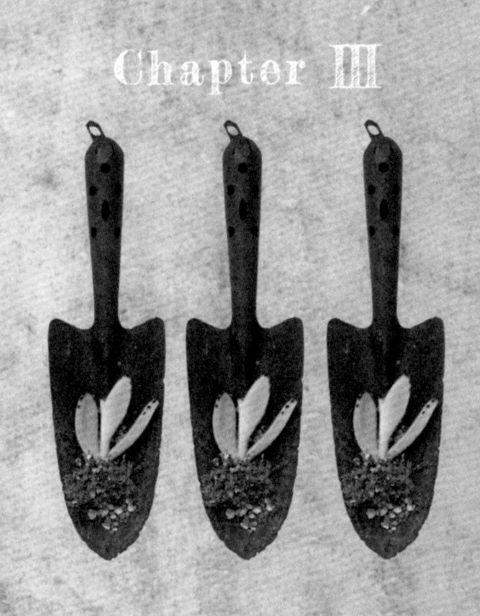

配合裝飾的地點
製作創意滿點的組合盆栽

只要有一盆多肉植物的組合盆栽，就能為生活增添色彩。一邊善用雜貨，一邊試著將盆栽漂亮地擺在玄關或窗邊等地。想像要裝飾的角落所開始製作的組合盆栽，品味與創意是成敗的關鍵。

Hôtel Ville de
11. faubourg de
MULHOUSE
TÉLÉPHONE 18.21
proprietaire: Ch. BALER

運用空罐的組合

淺色調的空罐中，組合葉色樸素、
美麗的昏炎之宵和月美人，顯得恬靜又安詳。
挑選在容器中也能顯得閃亮的植物，饒富趣味。
這兩個品種同樣地伸出長花莖，開出可愛的小花。
統合葉子、花朵和色調，製作出雅致的裝飾吧！

使用的多肉植物

- 昏炎之宵（P.82）
- 月美人（P.83）

準備工具

寬18.5cm×長12.5cm×高10cm的馬口鐵容器
＊在底部鑽出排水孔（→P.52）。
小顆浮石

在左方種入昏炎之宵，在右方種入月美人《1・2》。最好一邊注意兩者花的方向，一邊栽種。最後在土的表面鋪上浮石。

Column

如何享受多肉植物的花朵之樂？

大部分的多肉植物都會開花。依不同品種，花期也不同。花可以種在盆子裡直接欣賞，也可以剪下來作為室內的裝飾。多肉植物的花很耐旱，剪下的花，不需要插在水中。若是放在避開陽光直射的地方，約可欣賞一個多月。若是種在盆裡，花期結束後，請儘速地剪除謝掉的花。

Point 這兩個品種都是從秋天開始進入紅葉期，慢慢地長出花莖。到了初春開始開小花，能欣賞一個多月。

玻璃迷你小盆栽

多肉植物可排列在窗邊作為室內裝飾。
會反射光線、閃閃發光的透明玻璃容器，
使可愛的多肉植物更富魅力。
容器是透明的，因此不用培養土而改用白色浮石
以呈現潔淨感。墊塊雜貨風木板更表現出整體感。

使用的多肉植物

- 粉紅十字錦（P.84）
- 高砂之翁（P.82）
- 女雛（P.86）
- 艾麗莎（P.83）

準備工具

直徑5cm×高5至6cm
的玻璃容器
＊因底部無孔，需放入防根腐劑。
小顆浮石

共通的種法

植株從花盆中拔出，弄掉根周邊的土。也可以水沖掉。圖中是高砂之翁。

在容器中薄薄地鋪上防根腐劑，放入少量浮石。讓植株根部配合容器邊緣的高度來作為支撐，慢慢地放入浮石。

Point　為了欣賞玻璃的透明感，選用淺色調的雜貨搭配多肉植物，能呈現更棒的氛圍。

集合雅致的迷你盆栽

同樣都是迷你盆栽，但只要改變容器，感覺就截然不同。
在復古風或手作等雅致容器中種入多肉植物，
尺寸雖迷你，若和雜貨一起並列，會變得十分搶眼。
除了素材、外形和尺寸等，還能享受選擇容器的自由。
加入鮮麗色彩的品種，更能夠突顯盆栽整體。

共通的種法

配合容器選擇小植株移植。在土的表面鋪上浮石即完成。

自左起第2盆／黑色容器

相鄰的多肉植物，最好前後稍微錯開栽種，會更富變化。

使用的多肉植物

- 茜之塔（P.83）
- 藍色天使（P.85）
- 大和錦（P.85）
- 銀箭（P.83）
- 野玫瑰之精（P.91）
- 新桃美人（P.83）
- 景天春雛（P.82）
- 姬朧月（P.84）
- 卷絹（P.86）

準備工具

寬10cm×長5cm×高5cm的陶器、鐵器、復古點心模型等
＊因底部無孔，需放入防根腐劑。
小顆浮石

Point 利用雜貨店或旅途中找到的喜愛容器，和多肉植物玩玩組合遊戲，將大幅提高裝飾的樂趣！

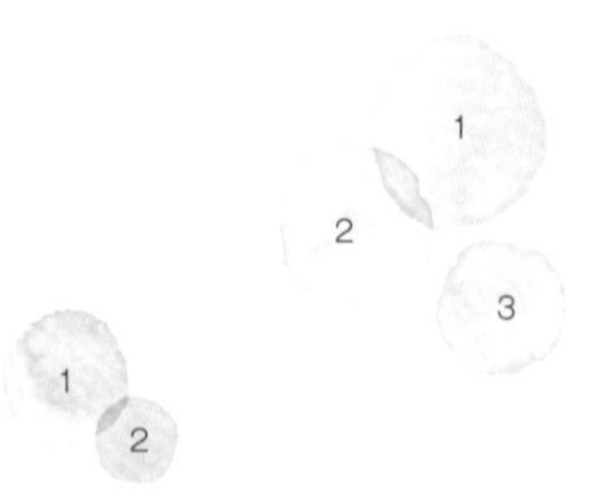

使用深盆栽種

若使用有深度的盆缽栽種，高度的平衡感很重要。
將盆缽的高度當作1，軸心植物最理想的高度是1.5至2倍。
選擇立姿美麗的品種，享受製作高低層次組合的樂趣。
不過，多肉植物喜歡乾燥的環境，
稍微多放些缽底石，更有利排水。

Point 栽種在深盆中的多肉植物容易變大，最好選擇生長快速的品種。

使用的多肉植物

〈右〉
- 獠牙仙女之舞（P.90）
- 熊童子（P.90）
- 小圓刀（P.91）

〈左〉
- 白晃星（P.90）
- 紅晃星（P.84）

準備工具

右：直徑13cm×高14cm的深盆
左：直徑10cm×高9.5cm的深盆
馴鹿苔（不凋花）

右／大深盆

在稍後方種入高的獠牙仙女之舞，作為組合盆栽的軸心《1》。較美觀的部分朝正面。

在作為軸心的多肉植物的根部，種入兩種較矮的多肉植物，不過從配置在後方的熊童子開始種起《2》。

最後種入小圓刀《3》。之後鋪上馴鹿苔覆蓋表土即完成。

左／小深盆

同樣地先種作為軸心的白晃星，在該植株的根部種入紅晃星《1・2》，再鋪入馴鹿苔。

使用的多肉植物

〈左〉
- 朧月（P.85）
- 凡布林（P.91）
- 玄海岩蓮華（P.86）
- 斑紋細葉萬年草（P.89）

〈右〉
- 靜夜（P.85）
- 十字姬星美人（P.86）

＊十字姬星美人須分株（→P.12）。

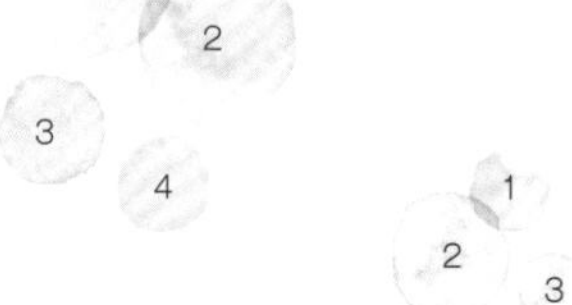

使用淺盆栽種

不需要太多水的多肉植物，可以活用淺的容器栽種。
小巧的品種雖然容易保持平衡，但單純栽種略顯平淡。
設計成前面低，中央稍微隆起一點的山丘感覺，
就成為富有高低起伏，趣味十足的盆栽。
植物間保留間距，大膽地露出苔蘚，會讓人印象更深刻。

準備工具

左：直徑18cm×高6cm的淺盆
右：直徑11cm×高4.5cm的淺盆
銀色苔蘚

左／大淺盆

在左後方種入朧月，右側種入凡布林《1・2》。配置時，讓中央的植株比盆緣的高。

從左前方依序種入玄海岩蓮華、斑紋細葉萬年草《3・4》。最後在土的表面鋪上銀色苔蘚。

右／小淺盆

在後方中央種入靜夜《1》。已分株的十字姬星美人部分種入左側的空間《2》。剩餘的十字姬星美人，填滿右側的空間《3》，最後鋪上銀色苔蘚。

Point 在淺盆中，避免使用根部向外擴展的植株，或太高的植株。
因為是耐乾的多肉植物，所以，淺盆也是很好的種植環境。

彩繪玄關的重點

有高度、具動態感的組合盆栽，可作為玄關的重點，
以供賓客欣賞。主角是從秋季到冬季會暈染成
酒紅色的圓葉黑法師。如P.58中所建議的，
在後方配置比盆缽高2倍的豔姿，來突顯主角。
從根部到盆緣種入會下垂的植株，呈現出一體感。

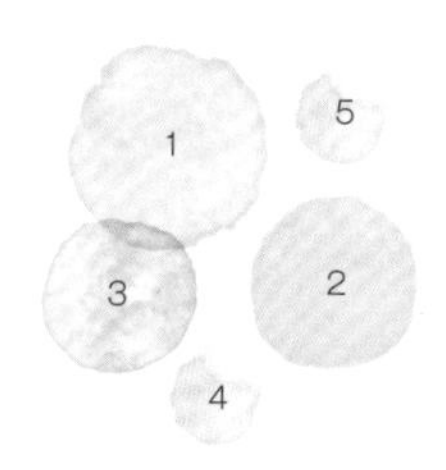

使用的多肉植物

- 豔姿（P.90）
- 圓葉黑法師（P.90）
- 曝月（P.90）
- 灰毛景天（P.88）

* 灰毛景天須分株（→P.12）。

準備工具

直徑18cm×高18cm的
復古風素燒盆

* 因盆子有深度，稍微多放些缽底石，更有利排水。

馴鹿苔（不凋花）

在左後方種入最高的豔姿，右前方種入主角圓葉黑法師《1・2》。最好考慮葉子和樹形方向之間的平衡感來種植。

種入低矮的曝月《3》。如小草般在根部的前後兩個地方，種入已分株的灰毛景天《4・5》。

在土表鋪上馴鹿苔即完成。

Point　活用高度製作組合盆栽時，選擇高、中、低的植株，以突顯各別的姿態。

鳥籠風格的小巧盆栽

從鳥籠中溢出多肉植物，散發著天然感！
因為空間小，若選擇小葉匍匐型生長的品種，
能呈現不做作的自然氛圍。
為配合鳥籠的陳舊感，以銀色系加以統合。
想讓正面看起來很可愛，重點是植株要前傾栽種。

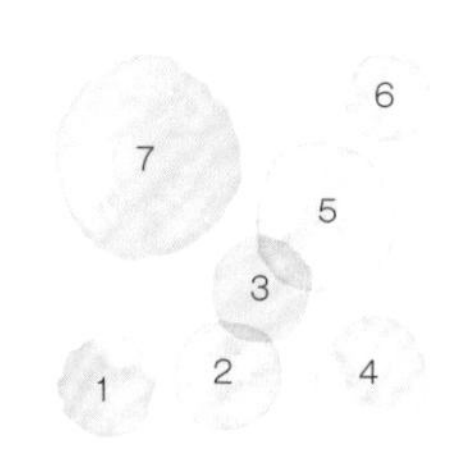

使用的多肉植物

- 子持蓮華（P.86）
- 姬秋麗（P.86）
- 大型姬星美人（P.89）
- 小銀箭（P.89）

＊子持蓮華、姬秋麗、大型姬星美人須分株（→P.12）。

準備工具

寬10cm×長10cm×高21cm的鳥籠風格鐵籠
苔蘚（水苔和山苔以6：4的比例混合）
椰纖絲

將泡水擠乾的水苔鋪入鳥籠中。上面再鋪入椰纖絲，至鳥籠高度（去蓋）的⅓。

鳥籠中放入土（不須缽底石）。在左正前方稍偏左側些種入子持蓮華，讓植株稍微前傾從籠中探出《1》。

種入姬秋麗，在斜後方種入子持蓮華《2・3》。在右前方種入大型姬星美人，一邊留意整體平衡，一邊讓莖從鳥籠中伸出《4》。

依序種入姬秋麗和大型姬星美人《5・6》。最後，種入小銀箭填滿鳥籠左後方的空隙《7》。

圖中是全部種好的狀態。加蓋後，只能從正面來觀賞，讓植株全部前傾種植，從鳥籠中伸出，盆栽能展現自然的氛圍。

Point 以椰子果實製作的椰纖絲，具有透氣性，排水性佳，又輕。能防止土壤流失，也具有裝飾的作用。

和雜貨小物一起組合種植

在盆栽中融入喜愛的小雜貨，例如英文字母等，
也能提高製作組合盆栽的樂趣喔！
本作品使用小巧的植株，以繪畫般的感覺來製作。
挑選素雅的顏色，加上細葉黃金萬年草的
明亮黃綠色，在盆栽中增添輕快與華麗感。

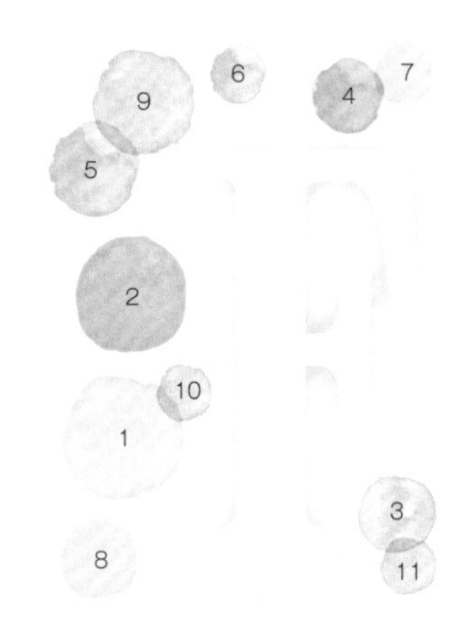

使用的多肉植物

- 呂千繪（P.89）
- 千代田之松（P.89）
- 松蟲（P.86）
- 印地卡（P.83）
- 花簪（P.91）
- 斑紋圓葉萬年草（P.89）
- 細葉黃金萬年草（P.89）

＊花簪、斑紋圓葉萬年草、細葉黃金萬年草須分株（→P.12）。

準備工具

寬25cm×長33cm×高8.5cm的木盒
雜貨（木製英文字母F）
馴鹿苔（不凋花）

使用底板有縫的粗木盒，為避免土壤流失，在整個盒底鋪入缽底網。之後，放入缽底石，再放入土壤。

依序配置英文字母F，再種入呂千繪和千代田之松《1・2》。大品種配置在中間稍下方的位置，重心降低整體的平衡更佳。

在F的右下方種入松蟲《3》。F的上方種入色彩重點的印地卡，左側種入分株的花簪《4・5》。

種入剩餘的花簪《6》，以分株的斑紋圓葉萬年草填滿右上角的縫隙《7》。

剩餘的斑紋圓葉萬年草種入對角線的左下角《8》。已分株的細葉黃金萬年草，先散種在兩個位置《9・10》。

再種入剩餘的細葉黃金萬年草《11》。在土表鋪上馴鹿苔。注意避免蓋住F的輪廓。

Point 組合盆栽的主角是木製英文字。為避免多肉植物遮住雜貨的輪廓，種植時保留一些距離。

以籃子製作庭園風格盆栽

這是以森林中的小屋為意象，所製作的組合盆栽。
先決定紫麗殿、桃之嬌等大植株的配置，
之後，再決定矮植株的配置，這樣較容易整合構思。
中間布置一條小徑的精彩創意也是趣味的設計。
籃子側面混雜的綠和褐色苔蘚，使盆栽就像森林一般。

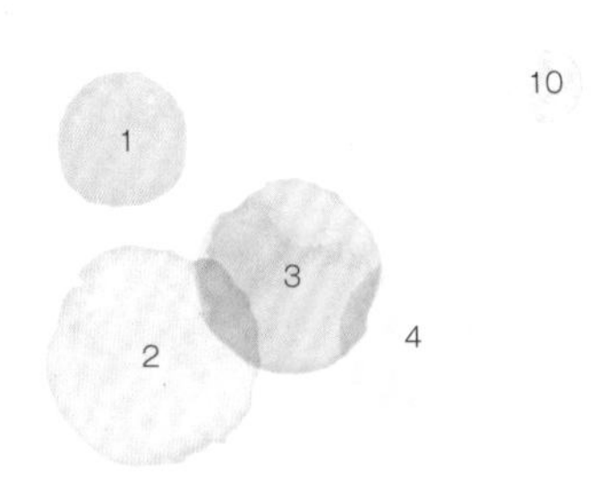

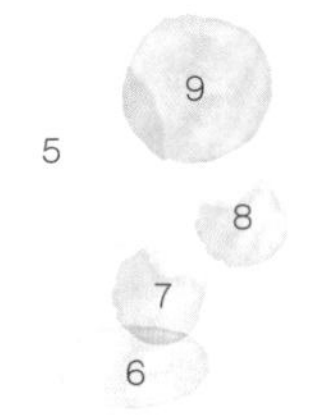

使用的多肉植物

- 大唐米（P.88）
- 斑紋細葉萬年草（P.89）
- 紫麗殿（P.84）
- 微風天使（P.89）
- 桃之嬌（P.82）
- 十字姬星美人（P.86）
- 白牡丹（P.91）
- 灰毛景天（P.88）

＊十字姬星美人須分株（→P.12）。

準備工具

寬35cm×長21cm×高12cm的鐵籃
水苔・山苔・腐葉土・小樹枝・
迷你小屋模型

1

將水苔、山苔和腐葉土以5：4：1的比例放入水中混合。擰乾水，鋪在籃底和側面約2至3cm，再放入土壤。

2

在左後方種入大唐米《1》。以製作山丘的感覺，在左前方向前傾斜斜地種入斑紋細葉萬年草《2》。

3

配合步驟2中斑紋細葉萬年草的傾斜度，依序種入紫麗殿和微風天使《3・4》，完成一個山丘。

4

在中央空出小徑的空間，在右後方朝內側傾斜地種入桃之嬌《5》，在前方稍微傾斜地種入分株的十字姬星美人和白牡丹《6至8》。

5

在右後方種入灰毛景天和剩餘的十字姬星美人《9・10》。在小徑部分鋪上腐葉土，放上房子模型，再插上作為圍欄小樹枝即完成。

Point　在籃子的底部和側面鋪入苔蘚後，為避免放入側面的苔蘚坍塌，要立即放入土壤。

以畫框風格呈現立體感

手作的畫框風格盆栽，可掛在牆上或放在架子上。
配合不同地方就有不一樣的趣味。主要植株是粉紅祇園之舞、
垂枝的粉紅十字錦、向上伸展的秋麗，以及填滿空間的普諾莎。
如從框中放射出來，栽種不同個性的品種，便能完成立體盆栽。
使用和粉色木框同色調的品種，更顯得格外雅致！

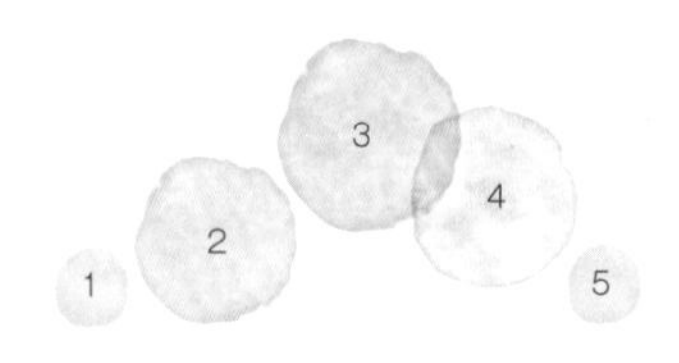

使用的多肉植物

- 粉紅十字錦（P.84）
- 粉紅祇園之舞（P.82）
- 普諾莎（P.87）
- 秋麗（P.84）

＊粉紅十字錦須分株（→P.12）。

準備工具

寬28cm×長6cm×高19cm的木框
＊植入部分（網）的高度是6cm。
鐵網．U字釘
水苔

在木框背面和栽種部分（高6cm）處，以釘子釘上鐵網。在底部和側面鋪入泡水擠乾的水苔約1cm厚，再放入土壤。

左端稍微保留點空間，在栽種部分的左前方，向前傾斜如垂枝般種入已分株的粉紅十字錦《1》。

如朝向正面般種入粉紅祇園之舞《2》，右後方種入普諾莎《3》。

種入恣意伸展的秋麗植株，在右前方種入剩餘的粉紅十字錦，讓植株前傾、莖向前垂下《4・5》。普諾莎的莖朝左和前方伸出，以形成動態感。

為了從正面看，能看見每種植株的樣子，讓植株朝前傾斜地種入。裝飾時的外觀會變得更漂亮。

Point 若沒有水苔，也可以使用椰纖絲。同樣地鋪在容器的底部和側面，再放入土壤即可。

擺飾在桌上的繽紛花圈

這個主桌上的花圈，使用鮮麗色彩展現活潑朝氣。
組合五彩繽紛已變紅葉的鮮麗植株時，
用心搭配能相互突顯的顏色，
例如綠配黃、黃配紅、紅配綠等，
另外可在個性植株旁種入小植株，呈現強弱對比。

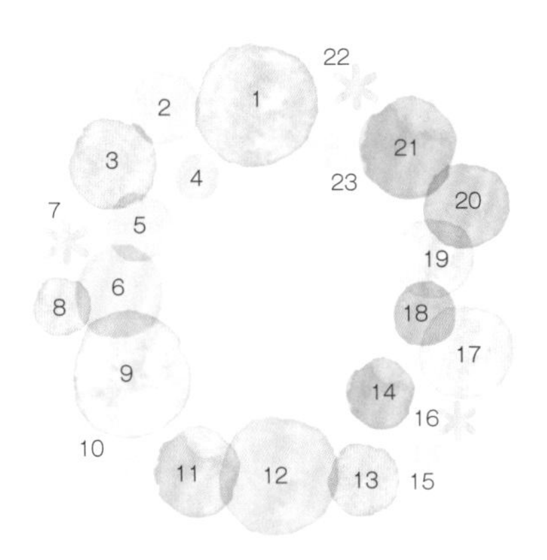

使用的多肉植物

- 夕映（P.82）
- 艾麗莎（P.83）
- 魯冰（P.87）
- 虹之玉錦（P.84）
- 黃金圓葉萬年草（P.88）
- 姬朧月（P.84）
- 小玉（P.89）
- 春萌（P.85）
- 乙女心（P.84）
- 紅葉祭
- 大衛（P.89）
- 秋麗（P.84）
- 花乃井（P.91）

＊全部植株予以纖細化（→P.12）。

準備工具

直徑23cm×高5cm的花圈形籃子
＊栽種植物的空間是6cm寬。
駙鹿苔（不凋花）

1

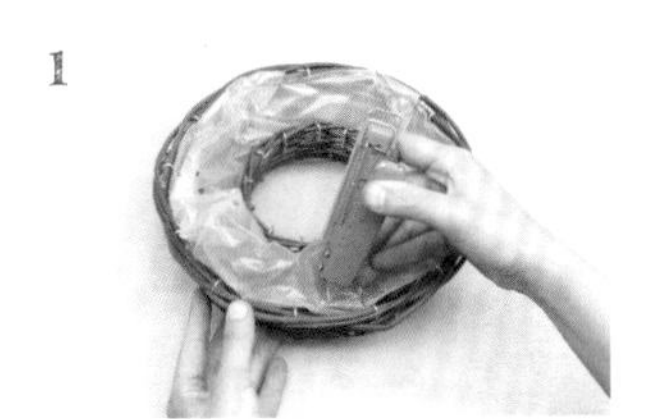

在花圈形籃子內的附屬的塑膠布上，每間隔3至4cm打上排水孔。籃子漆成橘色，放入土壤。

2

在腦中先想好多肉植物的配置，花圈頂端種入夕映《1》。從那裡開始，慣用右手者以逆時鐘方向種植較能流暢地製作。

3

在外側種入艾麗莎、魯冰，在內側種入虹之玉錦和艾麗莎《2至5》。花圈邊緣種得較低，中央種得稍高讓它隆起。

4

依序種入虹之玉錦、黃金圓葉萬年草、魯冰、姬朧月、小玉、春萌、乙女心和魯冰《6至13》。一邊種入，一邊讓顏色聚集。

5

依序種入紅葉祭、小玉，黃金圓葉萬年草、秋麗、大衛、秋麗、花乃井和紅葉祭《14至21》。一邊改變角度，一邊栽種讓風貌更豐富。

6

種入黃金圓葉萬年草和小玉《22．23》。種入所有多肉植物後，以馴鹿苔填滿空隙遮住土壤，能呈現更棒氛圍。

Point 避免各種的莖從花圈的外側和內側的邊緣突出太多，種植時注意莖的方向。

OEILLET
VICTOR
VAISSIER
PARIS

剪下植株當作壁飾

如同製作手工藝，以修剪枝葉時剪下的莖來作，
只有強韌的多肉植物才能作到！在莖上捲上鐵絲補強，
插入手作的底座中即可。垂枝型的紫月
纏繞在紅日傘上，呈現出立體、富躍動感的風貌。
若裝飾在門或牆上，能增加空間的情趣。

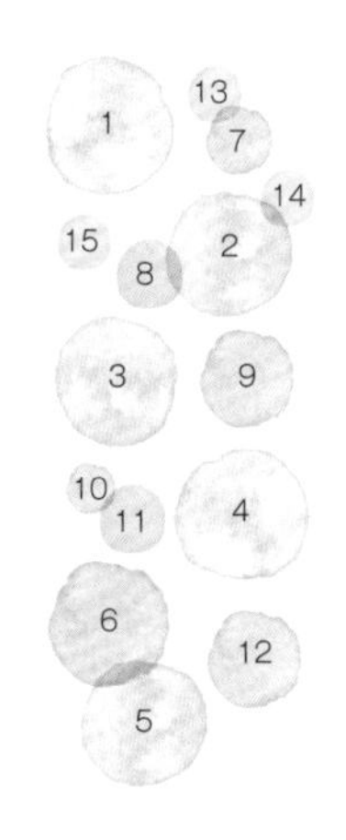

使用的多肉植物

- 紅日傘（P.84）
- 久米之舞（P.84）
- 玉綴（P.87）
- 紫月（P.88）

* 全部是剪下的植株。
放置10天等切口乾了再使用。

準備工具

寬5cm×長16cm的底座
* 參照P.80「改變外形」。
鐵絲（#24）

在全部的多肉植物上纏上鐵絲。莖保留2cm其餘剪掉，放上彎摺成U字形的鐵絲。

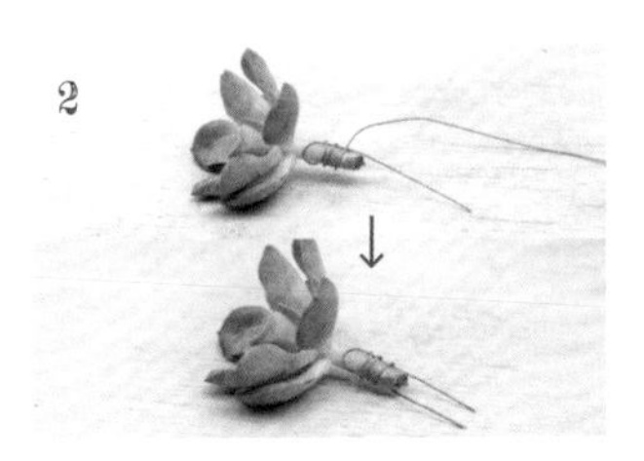

摺成U字形鐵絲的單側和莖一起以手壓住，以另一側的鐵絲纏捲數次（圖上）。之後，保留2cm鐵絲，其餘剪掉（圖下）。

決定配置後，從上方開始插入。插入的位置先插入鑷子，旋轉出多肉植物容易插入的孔。

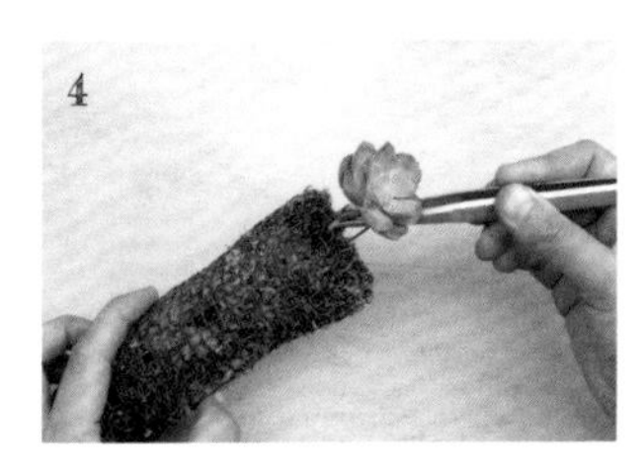

插入紅日傘《1》。為避免弄傷莖，以鑷子夾住硬莖處，直接插入在3鑽出的孔中。全部的多肉植物都這樣插好。

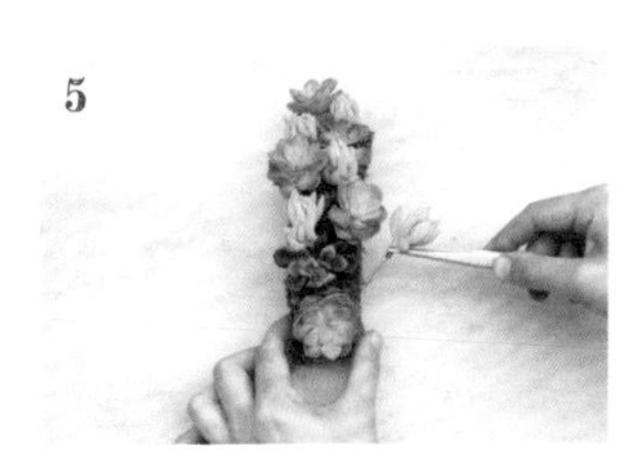

一邊改變角度，一邊在四處插上紅日傘《2至5》，再插入成為重點的久米之舞《6》。如同要填滿間隙般在六處插入玉綴《7至12》。

一邊看著紫月的長度，一邊如散開般在三處以鑷子鑽孔，再插入《13至15》。將莖纏繞住其他的多肉植物，以呈現動態感即完成。

Point 莖直接插在底座中，很容易散落，可以鐵絲纏捲後再插入。

以剪下的植株製作花束

剪下的莖或花，若以鐵絲製作長莖綁成束，
就能完成漂亮的花束。若以鐵絲撐不住植株的重量，
可以中途一邊加入小樹枝，一邊綁成花束。
隨興綑綁的小樹枝參差突出，展現自然的氛圍。
不必澆水，在這個狀態下約可欣賞一個月。

使用的多肉植物

- 姬朧月（P.84）
- 綠牡丹的花（P.85）
- 白牡丹（P.91）
- 星之王子（P.87）
- 朧月（P.85）
- 銘月（P.85）
- 迷你蓮（P.86）

＊全部是剪枝。
放置10天等切口乾了再使用。

準備工具

皺苔蘚
包線鐵絲（＃24，頂端沉重的植株用＃22）
花藝膠帶
小樹枝
拉菲草
麻布

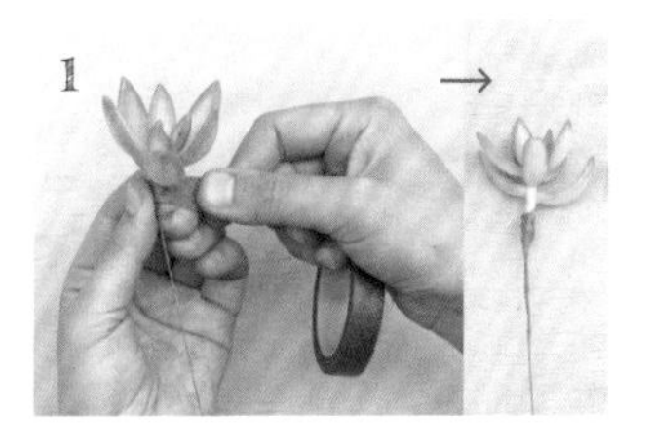

將包線鐵絲的前端5cm彎摺成U字形，長端和莖一起以手壓住，以另一側的鐵絲纏捲數次，上面再纏上花藝膠帶。

姬朧月、綠牡丹的花等，一邊利用不同顏色、外形和大小的植株加入強弱對比，一邊從中央的植株開始綁成束《1至8》。小樹枝也一起綁成束增加穩定性。

一邊夾入小樹枝以支撐多肉植物，一邊綁成束《9至27》。以手確實握著花束，從同一個方向加入多肉植物，就能流暢地綁成束。

多肉植物和小樹枝綁好後，以拉菲草綁緊打結。和多肉植物一樣，拉菲草也纏上鐵絲綁在花束上。

綁好後，以拉菲草打結。為了遮住多肉植物的鐵絲莖，使花束更穩固，在花束周圍加上小樹枝，再以拉菲草打結。

花束的正面朝前，以麻布包住，再以拉菲草綁好即完成。

Point 纏上鐵絲的多肉植物綁成束時，若會搖晃，和小樹枝一起綁成束，能增加穩定性。

花束觀賞結束後的組合盆栽

P.74的花束作為室內裝飾欣賞一個月後，
多肉植物最好能重新種入土中。
有機會重現從360°欣賞都美麗的圓形花束。
盆的前後左右，前面的植株都前傾栽種，就能呈現漂亮的半圓。
保留綁在植株上的鐵絲直接栽種也OK。

使用的多肉植物

- 白牡丹（P.91）
- 朧月（P.85）
- 銘月（P.85）
- 姬朧月（P.84）
- 迷你蓮（P.86）
- 星之王子（P.87）

＊使用P.74的植株。

準備工具

直徑12cm×高12cm的盆缽
皺苔蘚（使用P.74的素材）

栽種幾乎都沒發根的植株時，多放點缽底石再放入土壤，保持良好的排水狀況非常重要。

將植株的花藝膠帶全部撕下，鐵絲剪成5cm長。從左前方開始，以鑷子依序將白牡丹、朧月確實地插入土中《1・2》。

從前方開始種入第2排和第3排《3至11》，接著將未種的空間轉至正面。種植時，讓中央的植株較高，整體外觀彷彿隆起一般。

依序再種入白牡丹、星之王子、白牡丹和銘月《12至15》。想像花束的感覺，種植時留意讓盆栽從360°欣賞都美觀。

依序種入星之王子、白牡丹、星之王子、迷你蓮和朧月《16至20》。最後，在間隙中插入皺苔蘚即完成。

Point 植株插入土中時，別讓鐵絲彎曲，以鑷子夾住確實插入深土中。

以剪下的植株製作花圈壁飾

只要直接插入就能簡單完成的多肉花圈，
不需要放入土壤，很適合當成掛在門上的花圈裝飾。
放入變成紅葉的火祭，並盡可能加上顏色和形狀不同的
各個品種，讓花圈變得更加華麗熱鬧。
因為這個狀態會直接發根，長時間裝飾也沒關係。

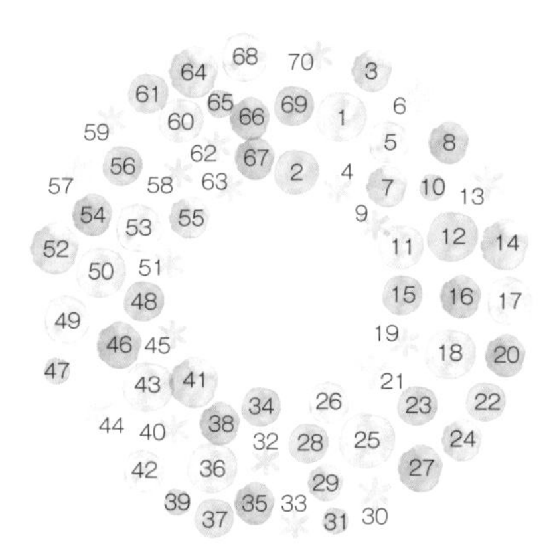

使用的多肉植物
- 紅晃星（P.84）
- 白牡丹（P.91）
- 姬朧月（P.84）
- 玉綴（P.87）
- 乙女心（P.84）
- 野玫瑰之精（P.91）
- 火祭（P.84）
- 玉雪（P.85）
- 大弦月（P.88）
- 熊童子（P.90）

* 全部是剪下的植株。
放置10天等切口乾了再使用。

準備工具
在直徑23cm×高6cm的
花圈底座上捲包上瓊麻。
* 參照P.80的作法。
鐵絲（#24）

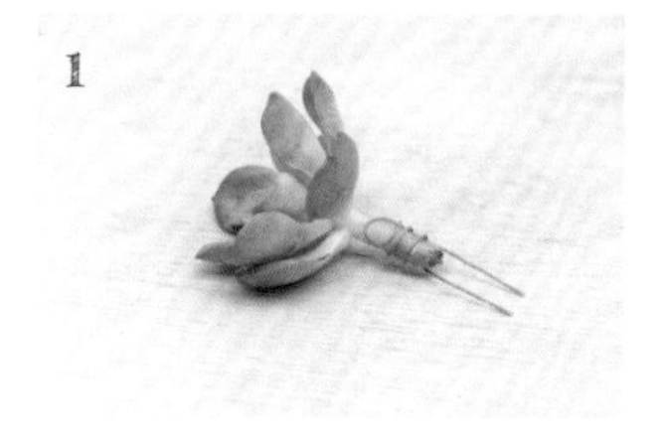

和P.73一樣，所有多肉植物的莖都剪成2cm長，纏捲上彎成U字形的鐵絲補強，鐵絲剪成剩2cm長。

在花圈底座寬度的中央插入紅晃星，內側插入白牡丹和玉綴，外側插入姬朧月《1至4》，決定栽種植株的寬度。

沿著2的寬度，一一插入十種植株。重複這樣的作業為一個循環，讓相鄰的顏色和形狀呈現出自然的變化《5至22》。

重複3的作業，全部插完的狀態《23至70》。插入過程中，讓大弦月的莖朝外側擴展較方便作業。

大弦月的莖要像填補其他植株間的空隙，整體會呈現更好的氛圍。

Check!

花圈從側面觀看的情形。其中種入有高度的植株，形成高低層次，就不會顯得單調。植株也有對齊界線，讓完成品更加漂亮。

Point 花圈的底座上，隱約能看到纏捲上瓊麻的輕柔質感，展現出更柔和的氛圍。

自己手工製作人氣花圈底座

市面上雖然有售各式花圈底座，不過也可以自己DIY。
若是自己製作，就可依喜好調整尺寸，十分方便。
為避免土壤流失，以水苔包住的花圈底座，
只需插入剪枝，就能輕鬆享受「栽種式花圈」。

準備工具

龜甲網（織目1cm・65cm×20cm）・鐵絲（＃22）・水苔・培養土

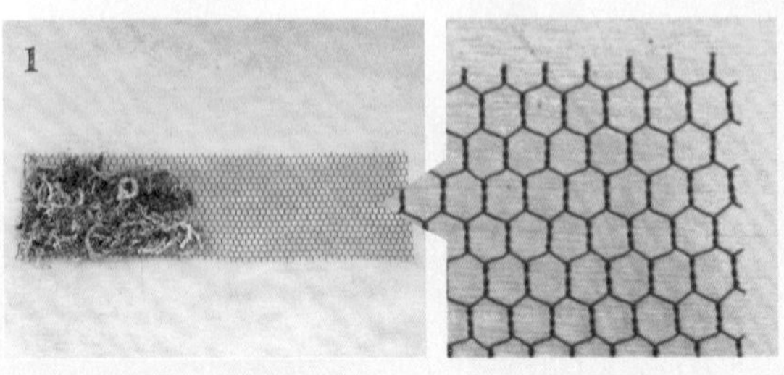

在整個龜甲網上，一邊鋪上泡過水已擰乾的水苔，一邊按壓。水苔變乾會縮小，為避免土壤流失，要鋪厚一點。

織目請依照圖中的方向使用。方向若錯誤，會無法彎成環狀。

在《1》的上面，上下各保留3cm後鋪上土壤。龜甲網彎成環狀時，土多鋪一點才會飽滿。在中央鋪厚一點更容易捲包。

3

將長邊的兩端重疊般捲成圓筒狀。以鐵絲穿過兩側織目綁緊，讓兩側無法分開，每間隔3cm綁一次，讓交接處呈鋸齒狀接合。

兩端以鐵絲綁緊固定，製成圈環。

直徑23cm×高6cm的花圈底座完成。插入多肉植物前，花圈先泡水，讓土壤中滲入水份。

應用篇

纏捲上瓊麻

以基本的作法作好花圈底座後，先泡水，再一邊捲繞瓊麻，一邊隨意地纏到底座上。這樣能形成粗獷的氛圍，即使植株少，也會顯得很有分量（P.79）。

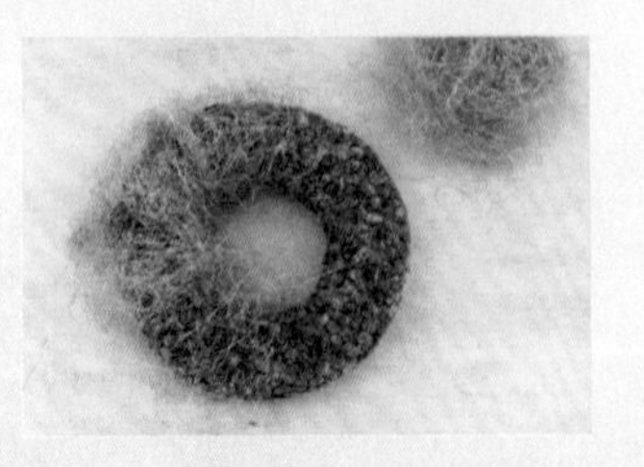

改變外形

準備寬17cm×長20cm的龜甲網或鐵網，進行基本的作法《3》。之後，壓扁圓筒的兩端，往背面翻摺，再以鐵絲綁緊（P.73）。

多肉植物圖鑑

製作組合盆栽時最重要的是挑選品種。
所以了解各品種的特色相當重要。
以下將介紹本書組合盆栽中使用的122種植物。

圖鑑的閱讀法

花麗
Echeveria pulidonis
景天科　擬石蓮屬
葉片肉厚，形成美麗的蓮座叢。冬天葉尖變成鮮紅色。在母株周圍讓子株大量繁殖，能一邊群生，一邊成長。（P.47）

品種名
學名
科名　屬名
品種的特徵和刊登頁面

具有花一般蓮座狀葉片的多肉品種，存在感特別出眾。如果葉色和大小不同，給人感覺也截然不同。組合時除了作為主角外，也適合作為重點植株運用。

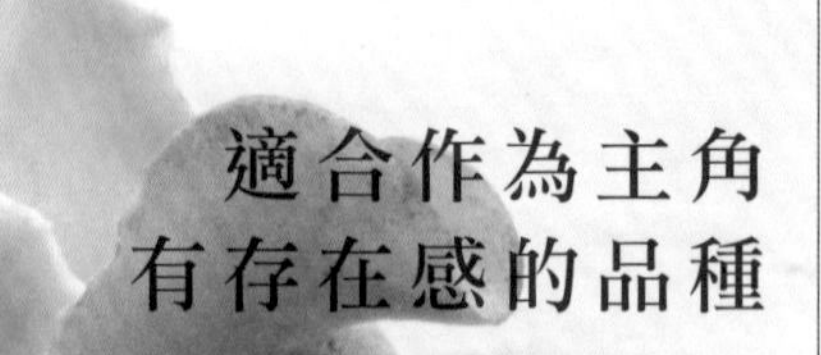

適合作為主角 有存在感的品種

粉紅祇園之舞
Echeveria Shaviana 'Pink Frills'
景天科　擬石蓮屬
蓮座狀的葉緣上有波浪皺褶。粉紅至紫色的漸層葉色，非常美麗，適合作為雅致風格的組合盆栽的主角。（P.45・P.68）

晃輝殿
Echeveria 'Spruce Oliver'
景天科　擬石蓮屬
細長葉子向上立起形成蓮座狀。冬季時葉背變成鮮紅色。因植株會變高，搭配較矮的植株，能形成高低層次的效果。（P.39）

高砂之翁
Echeveria 'Takasagonookina'
景天科　擬石蓮屬
具有大波浪重疊葉片，屬大型品種。秋天溫度開始下降後，顏色會變得格外鮮紅。適合作為豔麗風格的組合盆栽主角。（P.56）

景天春雛
×Sedeveria 'Darley Dale'
景天科　擬石蓮雜交屬
具有小劍般的重疊尖葉，形成蓮座叢。冬天葉背變成鮮紅色，若搭配雅致葉色的品種，就能夠相互襯托。（P.57）

唇炎之宵（吉娃娃）
Echeveria chihuahuaensis
景天科　擬石蓮屬
葉肉厚、帶有白粉的淺色，形成美麗的蓮座狀。葉尖有紅色緣飾很討喜，淡粉紅色和綠色植株的組合也會很可愛。（P.55）

月影
Echeveria elegans
景天科　擬石蓮屬
淺綠帶有白粉的葉片，散發神祕的氣氛。以子株繁殖，會群生慢慢地生長。冬天略呈粉紅色。外形華麗，最適合作為主角。（P.19）

花麗
Echeveria pulidonis
景天科　擬石蓮屬
葉片肉厚，形成美麗的蓮座叢。冬天葉尖變成鮮紅色。在母株周圍讓子株大量繁殖，能一邊群生，一邊成長。（P.47）

初戀
Echeveria 'Huthspinke'
景天科　擬石蓮屬
葉面質感如吹上白粉一般，冬天呈現格外鮮明的粉紅色。搭配淺色品種，不論作為主角或重點植株都適用。（P.27）

桃之嬌
Echeveria 'Peach Pride'
景天科　擬石蓮屬
特徵是大片圓葉形成蓮座狀。長成大株後存在感倍增。搭配黃綠和深綠色植株，呈漸層綠色調十分美麗。（P.43・P.47・P.67）

夕映
Aeonium decorum f. *variegata*
景天科　艷姿屬
生長緩慢，常分枝樹化。天氣變冷時變得更紅，更鮮明。給人強烈的衝擊感，是個性風格盆栽的必備品種。（P.37・P.71）

大雪蓮
Echeveria 'Laurinze'
景天科　擬石蓮屬
肉厚、呈圓形的淺藍色葉片，形成漂亮的蓮座狀。搭配粉色系給人女性柔美感。夏季時，葉片上請勿積水。（P.27）

這裡集合了顏色、外形等呈現鮮明個性的多肉品種。獨具一格的個性外觀，是作為作品的特色所不可或缺的品種。有時也會當成主角使用。

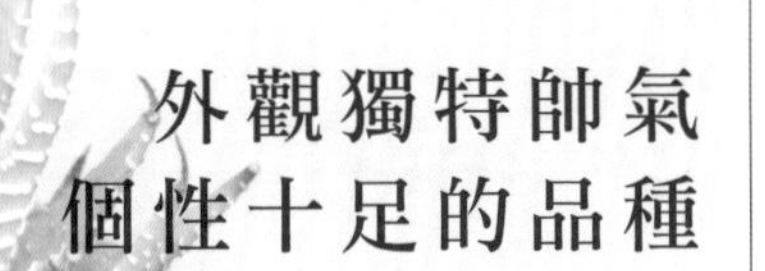

外觀獨特帥氣 個性十足的品種

象牙塔

Crassula 'Ivory Pagoda'

景天科　青鎖龍屬

上被覆白色短毛，以奇怪的姿態群生。外形非常小巧，生長速度非常慢。建議種在小盆缽裡。（P.19）

茜之塔

Crassula capitella

景天科　青鎖龍屬

幾何狀的葉子緊密重疊伸展的樣子如塔一般。具有紫紅色的葉子，適合作為雅致風盆栽中的重點。想表現動態感時也適用。（P.57）

銀箭

Crassula mesembryanthemoides

景天科　青鎖龍屬

具有被覆細小白毛的細長葉子，一邊分枝，一邊向上伸展。搭配較矮的植株，能形成高低層次的效果。（P.50．P.57）

新桃美人

Pachyphytum compactum var. *glaucum*

景天科　厚葉景天屬

向外突出伸展的葉子十分可愛，外形小巧。色調素雅，搭配深紅或紫色，將呈現雅致的質感。（P.57）

艾麗莎

Cotyledon elisae

景天科　銀波錦屬

黃綠色葉片邊緣有紅色鑲邊，變紅葉時，鑲邊的顏色也更加深濃鮮豔。5至7月開花，呈釣鐘狀的橘色至紅色花朵也很可愛。（P.39．P.56．P.71）

高千穗

Crassula turrita

景天科　青鎖龍屬

黃綠色三角形小葉，呈緊密重疊的獨特造型。繁殖期植株會長高立起，若希望保持小巧時，需修剪外形。（P.47）

月美人

Pachyphytum oviferum 'Tsukibijin'

景天科　厚葉景天屬

渾圓飽滿的圓葉非常可愛。它和桃美人非常類似，只是月美人呈淺紫色。如果高度長得太高，可以剪短一些。（P.55）

白蝶

Haworthia fasciata f. *variegata*

獨尾草科　十二卷屬

是喜好半日陰的十二卷屬的同類。黃綠相間的條紋花樣很漂亮。適合和同樣喜好半日陰的品種組合。當作主角或重點植株兩相宜。（P.31）

筒葉花月

Crassula ovata 'Hobbit'

景天科　青鎖龍屬

具有如驢耳般外形獨特的葉片，主幹會伸展樹化。冬季時，葉尖變成紅色。建議善用美麗的葉色，作為盆栽的重點。（P.39）

桃美人

Pachyphytum 'Momobijin'

景天科　厚葉景天屬

渾圓飽滿的圓形葉尖，如桃子般呈柔和的粉紅色。葉形、姿態和月美人酷似。和粉紅色系組合十分可愛。（P.19）

冬季氣溫急遽下降，這類多肉植物因冷暖溫差，葉色也會產生變化。變紅或粉紅的美麗姿態，讓人發現它們新的魅力！11月至隔年3月是最漂亮的時期。

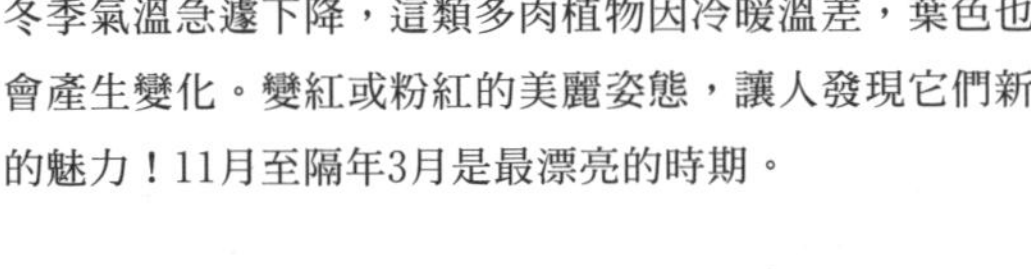

為盆栽加入色彩 漂亮的紅葉品種

赤鬼城

Crassula fusca

景天科　青鎖龍屬

秋至冬季，氣溫下降後，葉色會變成鮮麗的赤紅色。春至夏季是綠色。在植株根部繁殖子株，以小巧的姿態生長。適合作為主角或重點植株。（P.39）

印地卡

Sinocrassula indica

景天科　中國景天屬

植株低矮，小巧地群生。春至夏季是綠葉，秋至冬季變成素雅的紅褐色。建議組合成庭園式盆景或小型組合盆栽。（P.50．P.65）

虹之玉錦
Sedum rubrotinctum f. variegata
景天科　景天屬
有光澤的綠葉，在紅葉季節變為粉紅色，十分美麗。搭配較矮的植株，形成高低層次，盆栽更美觀。（P.23．P.71）

乙女心
Sedum pachyphyllum
景天科　景天屬
淺綠的葉尖渲染著淡淡的粉紅色，外觀惹人愛憐。和虹之玉錦姿態神似。搭配淺粉色調的植株，整體顯得很可愛。（P.32．P.49．P.71．P.79）

秋麗
×*Graptosedum* 'Francesco Baldi'
景天科　風車草屬
在紅葉期，淺藍的葉片會泛出粉紅色。和紅褐或酒紅色的植株組合，能呈現雅致感。也可以和粉紅或銀色調的植株組合。（P.68．P.71）

筑波根
Crassula schmidtii
景天科　青鎖龍屬
挺立細長的綠葉，呈素雅的深紅色，外觀很漂亮。生長後能呈現動態感，適合作為組合盆栽中的特色或重點植株。（P.45）

紅晃星
Echeveria harmsii
景天科　擬石蓮屬
被覆白色胎毛般短毛的綠葉，在紅葉期葉緣會變得鮮紅。一邊分枝，一邊向上生長。和銀色系的植株非常搭調。（P.58．P.79）

火祭
Crassula capitella 'Campfire'
景天科　青鎖龍屬
正如其名，火祭具有火燒般的紅葉。是美麗紅葉的多肉植物的代表品種。搭配黃和綠色葉，能呈現對比的趣味。（P.79）

姬朧月
Graptopetalum 'Bronz'
景天科　風車草屬
銅葉系的代表品種。冬季變化為紅褐色。不修剪也能欣賞到天然的樹形。適合作為雅致盆栽的主角。春天時開黃花。（P.47．P.57．P.71．P.75．P.77．P.79）

紅日傘
Echeveria 'Benihigasa'
景天科　擬石蓮屬
莖會向上升起呈樹化狀。可活用豎起的姿態，也可以修剪恢復成低矮的姿態。冬天時變成鮮麗的桃紅色。（P.73）

具有黃色、粉紅、深綠等明亮葉色，讓人印象深刻的品種，適合作為組合盆栽的重點植株。只要加入一些，盆栽整體就能呈現明亮、華麗的氣氛。

增添重點色彩
營造華麗感的品種

愛星
Crassula rupestris f.
景天科　青鎖龍屬
肉厚的三角形葉子交錯相連，一邊分枝，一邊向上生長。黃綠色葉尖如有紅色鑲邊般的紅葉。可以和低矮植株搭配，形成高低層次感。（P.23）

黃麗
Sedum adolphi
景天科　景天屬
黃色系的代表品種。每到紅葉時期會變成橘色。生長後上端會傾斜，能呈現動態感與高度，是華麗風組合盆栽不可缺少的品種。（P.17）

久米之舞
Echeveria spectabilis
景天科　擬石蓮屬
到了冬天，深綠色的葉片尖端會變成紅色。特性是枝幹和葉片會向上伸展，可修剪還原。能讓人欣賞到淺綠和漸層色感。（P.43．P.73）

紫麗殿
×*Pachyveria* 'Blue Mist'
景天科　厚葉草屬與擬石蓮屬的雜交種
覆著白粉泛紅的厚肉葉子，紅葉期會暈染上紫色，散發妖豔氛圍。具有獨特存在感，適合作為盆栽的重點。（P.19．P.67）

圓貝景天
Kalanchoe scapigera
景天科　伽藍菜屬
圓形團扇狀的葉片，每到紅葉期會從深綠色轉變為黃綠色，葉尖呈現紅色。適合用於展現深淺綠色的組合盆栽中。（P.43）

粉紅十字錦
Crassula pellucida
景天科　青鎖龍屬
如在地面匍匐般伸展和生長。葉片背面帶有粉紅色，給人斑紋葉片上有邊飾的感覺。適合作為明亮、華麗的重點植株。（P.56．P.68）

銘月

Sedum nussbaumerianum

景天科　景天屬

和黃麗並列，是黃色系代表品種。具有扁平的細葉，葉色沉穩。搭配紅色系品種，呈現對比的效果很漂亮。（P.23・P.39・P.50・P.75・P.77）

大和錦

Echeveria purpusorum

景天科　擬石蓮屬

葉子外形飽滿，葉緣有紅褐色線條，十分引人注目。建議用在古典氛圍或雅致風組合盆栽中，作為重點植株。（P.57）

淺色系植株最能表現優雅、纖細的色調。旁邊配置個性化品種，相互襯托能呈現意想不到的效果。也適合用來表現濃淡漸層感。

運用淺色調呈現柔和風貌的品種

阿爾巴月影

Echeveria alba

景天科　擬石蓮屬

呈淺淺的奶綠色，屬於雅致的擬石蓮屬。生長緩慢，組合時適合搭配小盆缽。建議也可以配上不同大小的同屬品種。（P.27）

朧月

Graptopetalum paraguayense

景天科　風車草屬

生長後莖變長立起，姿態猶如向四方彎曲生長的樹枝般。略帶灰色的微妙色調，搭配紫色等能呈現雅致風格。（P.59・P.75・P.77）

艾格利旺

×*Graptoveria* 'A Grim One'

景天科　風車草擬石蓮屬

泛黃的葉子，尖端呈現暈染的粉紅色。群生，從母株周圍長出子株。適合作為清雅氛圍的盆栽主角。（P.19）

玉雪

×*Sedeveria* 'Yellow Hnmbert'

景天科　擬石蓮雜交屬

圓潤飽滿的細葉，一邊分枝，一邊向上生長。能搭配任何類型的植株，是組合盆栽時的實用品種。想呈現高度和動感時也建議使用。（P.19・P.47・P.79）

靜夜

Echeveria derenbergii

景天科　擬石蓮屬

呈透明感的淺綠色，變紅葉時葉尖會變紅。從母株的根部長出子株群生。旁邊若配置深色的植株，能相互突顯襯托。（P.59）

多明哥

Echeveria 'Domingo'

景天科　擬石蓮屬

葉片如透明般的淺藍色石蓮花。搭配淺粉紅色系的品種，整體呈現粉彩色調也很可愛。（P.27）

春萌

Sedum 'Alice Evans'

景天科　景天屬

景天中的大型品種。讓莖分枝，呈動態感的樹型充滿魅力。變冷後，呈黃綠色，尖端泛紅。任何類型的植株都很容易搭配。（P.43・P.49・P.71）

藍色天使

×*Graptoveria* 'Fanfare'

景天科　風車草擬石蓮雜交屬

帶有白粉的細長薄葉一邊重疊，一邊形成蓮座狀。希望降低植株高度時可以修剪變短。搭配葉尖呈圓形的品種，能享受不同外形的趣味。（P.57）

群雀

Pachyphytum hookeri

景天科　厚葉景天屬

具有向上挺立細長的葉子，是可愛的人氣品種。高雅的粉藍色，天氣變冷葉尖會變紅。適合作為重點植株。（P.45）

綠牡丹

Echeveria globosa

景天科　擬石蓮屬

充滿魅力的淺綠色擬石蓮屬，散發優雅的氛圍。冬季時葉尖會泛紅。組合盆栽時，可用來突顯主角，和深綠色植株非常搭調。（P.43・P.47・P.75）

這些品種會在母株周圍繁殖子株，或增殖匍匐莖。相同顏色和形狀重複群生類型的特有群聚感，可襯托主角，也能作為盆栽整體的重點。

適合扮演襯托角色的群生品種

伊莉雅

Echeveria 'Iria'
景天科　擬石蓮屬
淺綠色的葉子，到了冬天變成宛如透明般的乳白色。時常長出子株，群生栽培。最適合用來襯托粉紅和藍色系。（P.19・P.27・P.47）

十字姬星美人

Crassula ernestii
景天科　青鎖龍屬
葉子非常小，表面被覆著胎毛般的白毛。向側邊匍匐伸展，建議作為庭園風格盆景，或小型盆栽中的重點植株。（P.59・P.67）

玄海岩蓮華

Orostachys genkaiense
景天科　瓦松屬
長著和子持蓮華相似的綠葉。群生栽培，匍匐莖向四方開展。適合分株或有動態感的組合盆栽。（P.59）

子持蓮華

Orostachys boehmeri
景天科　瓦松屬
灰藍的葉色，和向外伸展許多匍匐莖的姿態非常可愛，是極受歡迎的品種。從盆中如垂枝般栽種，非常特別。（P.63）

達摩寶草

Haworthia cymbiformis f. gracilidelineata
獨尾草科　十二卷屬
漂亮的十二卷屬，葉色呈明亮的綠色。將同屬組合栽種，管理上比較輕鬆。也可混搭不同葉形和顏色的品種。（P.31）

神苑

Haworthia cv.
獨尾草科　十二卷屬
肉厚、前端尖的葉子，呈清爽的黃綠色。和深綠色植株相鄰栽種，能夠相互襯托。十二卷屬的多肉植物適合種在室內。（P.31）

寶草

Haworthia cv.
獨尾草科　十二卷屬
飽滿、肉厚的葉子令人印象深刻。全年可在室內栽培，但春季和秋季最好放在避免陽光直射的屋簷下。夏天放在窗邊，宜避開強光。（P.31）

天竺

Sinocrassula densirosulata
景天科　中國景天屬
在紅葉時期，圓潤的小葉會泛出橘色。生長緩慢，長出側芽群生。推薦用於庭園式組合盆景中。（P.19）

姬秋麗

×Graptopetalum mendozae
景天科　風車草屬
可愛的粉紅色會變成紅葉的人氣品種。組合時，搭配深粉紅或紅色，能夠相互襯托。因葉子容易脫落，栽種時請小心。（P.19・P.63）

迷你蓮

Sedum prolifera
景天科　景天屬
具有肉厚、青白色的小葉，冬季時轉為粉紅色紅葉。適合製作小型盆栽，搭配時很受歡迎。長有許多匍匐莖，可形成動態感。（P.41・P.75・P.77）

卷絹

Sempervivum cv.
景天科　長生草屬
綠色蓮座狀的葉子，天氣變冷時會變紅黑色。能在室外越冬，但不喜高溫多濕。製作葉色獨特的組合盆栽時，可作為主角，能讓人印象深刻。（P.57）

松蟲

Adromischus hemisphaericus
景天科　天錦章屬
肉厚、外形如橄欖球狀的葉子群生。製作實景模擬風格的組合盆栽時，讓人看見姿態般來配置，效果更佳。葉子容易脫落，栽種時請小心。（P.65）

女雛

Echeveria 'Mebina'
景天科　擬石蓮屬
變冷後，淺綠葉子的葉尖會變得鮮紅。在母株周圍子株會不斷地群生。建議作為組合盆栽的重點植株。（P.56）

三角或細長形葉子連接豎起的多肉植物的姿態，每一種都顯得趣味十足。有的因重量傾斜，有的柔韌彎曲，若加入組合盆栽中，能使盆栽顯得更生動、自然。

以分枝向上伸展的莖展現動態感的品種

雅樂之舞

Portulacaria afra var. variegata.

馬齒莧科　矮玉樹屬

帶有斑點的小葉，一邊立起紅色的莖，一邊向上生長。適合運用在表現自然樹形動感的盆栽中。它不喜寒冷，冬天請放在8℃以上的地方栽種。（P.39）

變色龍

Sedum reflexum 'Chameleon'

景天科　景天屬

藍灰色細長葉子，一邊分枝，一邊向上生長。氣溫下降時會變成粉紅色的紅葉。在大的組合盆栽中，用來表現動態感極具效果。（P.41）

粉雪

Sedum ostorare

景天科　景天屬

莖向上豎起，朝四方伸展。因為葉子小，很容易組合，適合營造自然的氛圍。顧名思義，到了冬季，它會被覆白粉。（P.37）

静夜玉綴

×*Sedeveria* 'Super brow'

景天科　擬石蓮雜交屬

它是静夜（P.85）和玉綴的雜交種，莖豎起之後，枝梢呈下垂的姿態。粉綠的葉色使組合盆栽呈現透明感。（P.43）

玉綴

Sedum morganianum

景天科　景天屬

前端尖、葉色清爽的綠葉下垂的姿態非常美麗，建議栽種在吊掛和有高度的盆缽中。如果枝長得過長，可修剪復原。（P.19・P.23・P.73・P.79）

普諾莎

Crassula pruinosa

景天科　青鎖龍屬

銀灰色的小葉，給人纖細的印象。一邊分枝，一邊向上生長。在組合盆栽中，分株散種入數個地方更具效果。（P.41・P.68）

新玉綴

Sedum burrito

景天科　景天屬

飽滿圓潤的淺綠色葉子接連生長，向上豎起。泛黃的紅葉外觀如玉米一般。可以修剪還原時剪下的分枝繁殖，或以群生的新株繁殖。（P.37・P.41）

星之王子

Crassula conjuncta

景天科　青鎖龍屬

紅色鑲邊的菱形葉子交錯重疊生長的姿態充滿趣味。從秋天開始變成紅葉。善用植株立起的姿態，能使組合盆栽展現豐富的風貌。（P.41・P.75・P.77）

舞乙女

Crassula 'Jade Necklace'

景天科　青鎖龍屬

厚肉小葉如念珠般接連生長，外形十分獨特。變紅的紅葉外觀也別具一格。想讓小型組合盆栽中呈現動態感時，尤其適用。（P.41）

薰衣草

Sedum muscoideum

景天科　景天屬

紅葉時期，葉色會變成素雅的紫色。莖會橫向如匍匐般擴展，栽種在盆緣能形成垂枝的效果，建議可用來增進組合盆栽的趣味感。（P.41）

翠星

Crassula rupestris cv.

景天科　青鎖龍屬

具有黃綠色美麗、飽滿的三角形葉子。雖然和愛星（P.84）類似，但特色是沒有紅葉期。適合作為明亮風格的盆栽重點植株。（P.45）

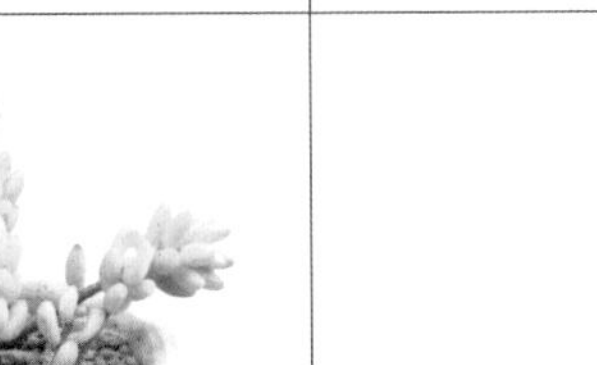

魯冰

Sedum rubens

景天科　景天屬

外形可愛猶如小型版的玉綴。黃綠色的的葉子在紅葉期也會變色。長莖會從盆中垂下，很適合用來表現動態感。（P.37・P.71）

組合吊掛式或有高度的盆缽時，使用下垂姿態的植株，看起來既漂亮，盆缽與植物又能呈現整體感。散發自然的氛圍也更富魅力！

以垂枝的動態感 展現趣味性的品種

黃花新月

Othonna capensis

菊科　千里光屬

明亮的綠色橢圓形葉接連生長，從盆缽下垂的姿態優雅美麗。組合盆栽想呈現動態感時，建議使用它。春天綻放的黃花也是絕佳的特色重點。（P.23・P.50）

京童子

Senecio herreanus

菊科　黃菀屬

如杏仁般的葉子上具有縱向條紋，因此別名又稱杏仁項鍊。下垂的粗莖具有存在感，能展現流動的美感。（P.45）

愛之蔓

Ceropegia woodii cv.

蘿藦科　吊燈花屬

葉子呈黯淡的深綠色。長有許多心形葉，下垂的莖令人印象深刻。建議使用吊掛式盆缽和有高度的花盆栽種。冬天置於8℃以上的室內栽培。（P.21）

大弦月

Senecio herreianus

菊科　黃菀屬

葉子比綠之鈴的稍尖，外形如桃子一般。作為配角時，任何風格的組合盆栽中都適合運用。春天會開可愛的花朵。（P.45・P.49・P.79）

綠之鈴錦

Senecio rowleyanus f. variegata

菊科　黃菀屬

這是稱為綠之鈴錦的斑紋種綠之鈴。深綠色中夾雜不規則的乳黃色斑紋，非常漂亮。夏天要注意高溫多濕和強光。（P.21）

紫月

Othonna capencis 'Ruby'

菊科　千里光屬

紅葉期除了莖之外，連葉子也會變成紫色，十分美麗。適合作為配角，用於成熟雅致風格的組合盆栽中。（P.37・P.73）

連結植物之間的空隙，或修飾填滿盆栽的空間時，都適合使用這類品種。顏色和外形豐富且具一致性，又能分株成喜歡的大小的景天類，尤其容易使用。

修飾時不可或缺 用來填滿空間的品種

雨心錦

Crassula volkensii

景天科　青鎖龍屬

小葉上具有深紅色斑點，莖向四方伸展。氣候變冷，整株會變成紅葉，春季時開白色小花。適合作為雅致風盆栽的重點植株。（P.41・P.45）

珍珠萬年草

Sedum album 'Coral Carpet'

景天科　景天屬

長著橢圓形挺立的小葉。到了紅葉期，深綠葉色會變成雅致的紅褐色。在組合盆栽中，建議分株後使用。（P.39）

黃金圓葉萬年草

Sedum makinoi 'Aurea'

景天科　景天屬

這種萬年草具有鮮麗的黃金色葉子。極耐寒，也適合種在庭院的鋪路石之間。想為盆栽增添明亮感時適用。（P.47, 50, 71）

大唐米

Sedum oryzifolium

景天科　景天屬

毛茸茸的圓葉如匍匐般地向外擴展。想讓莖從盆缽中垂下，或展現動態感時適合使用。是能搭配所有葉色的萬能選手。（P.29・P.43・P.49・P.67）

灰毛景天

Sedum selskianum

景天科　景天屬

邊緣呈鋸齒狀的扁平葉子，深綠色顯得十分漂亮，能作為組合植物的配角。極耐寒，也能栽種在庭園中。（P.43・P.61・P.67）

龍血

Sedum spurium 'Dragon's Blood'

景天科　景天屬

泛綠的銅色葉片，寒冷時會從鮮豔的紅紫色轉變為紅色。可以和草花一起組合，也能利用作為觀葉植物。（P.45）

大型姬星美人

Sedum dasyphyllum var. granduliferum 'Purple Haze'

景天科　景天屬

泛青如顆粒般的小葉，到了冬天會轉變為美麗的紫色，是很受歡迎的品種。和粉紅或灰色葉子組合，能呈現成熟的氛圍。（P.63）

斑紋細葉萬年草

Sedum hispanicum var. minus f. variegata

景天科　景天屬

細微葉萬年草的有斑點種。奶油色的斑很可愛，可當作盆栽的重點。（P.59・P.67）

斑紋圓葉萬年草

Sedum makinoi f. variegata

景天科　景天屬

它是有斑紋的圓葉萬年草。綠色葉片上有白色的邊飾。和粉紅和銀色系組合非常小巧可愛。（P.29・P.65）

微風天使

Sedum brevifolium

景天科　景天屬

長有無數灰藍色的極小圓葉，群生茂密地成長。高雅的葉色，能為組合盆栽點綴可愛或雅致的風格。（P.39・P.67）

細葉黃金萬年草

Sedum hispanicum var. minus 'Aureum'

景天科　景天屬

它是長著茂密細葉的萬年草。明亮的黃色使組合盆栽增添華麗感。不耐悶熱，最好放在通風處栽培。（P.65）

圓葉萬年草

Sedum makinoi

景天科　景天屬

具有美麗黃綠色圓葉的萬年草。和任何葉色都容易搭配，想從盆缽伸出垂枝，或要填滿空間時均適用。（P.43）

小玉

Sedum little gem

景天科　景天屬

到了冬天，葉子會從素雅的綠色轉變成紅褐色。春天開黃花，和剩餘的紅葉形成特色重點，能使組合盆栽顯得熱鬧繽紛。（P.15・P.71）

小水刀

Crassula atropurpurea var. watermeyeri

景天科　青鎖龍屬

外表被覆短胎毛般絨毛的綠葉，紅葉期會變成素雅的紅色。莖向上和四周伸展生長，想讓盆栽呈現動態感時適用。（P.37）

這類生長緩慢，有的橫向擴展，有的群生的品種，特色是長不高。方便使用淺盆或小盆製作組合盆栽。想呈現高低層次感時也有襯托的作用。

植株高度低 外形小巧的品種

千代田之松

Pachyphytum compactum

景天科　厚葉景天屬

飽滿膨脹的葉子尖端變細成尖角。和其他植株稍微保持距離栽種，讓個性的葉形清楚展現，可將盆栽襯托得更有魅力。（P.65）

葉美人

Pachyphytum longifolium

景天科　厚葉景天屬

前端尖的肥厚葉子，會從淺藍色轉為粉紅色的紅葉。和黃色系植株組合，盆栽能呈現濃淡的對比效果。生長速度緩慢。（P.23）

大衛

Crassula 'David'

景天科　青鎖龍屬

高度矮、群生，緩慢地向四周匍匐蔓生。製作組合盆栽時，建議讓它的莖從盆缽中垂下，或用來填補空間。（P.47・P.71）

照波

Bergeranthus multiceps

番杏科　照波屬

從旁長出側芽、植株小巧群生。大約在下午三點，會綻放像蒲公英似的花，因此也被稱為三時草。組合紅色系葉色的植株，能呈現深淺的對比效果。（P.39）

小銀箭

Crassula remota

景天科　青鎖龍屬

它具有覆蓋白色短毛的小銀葉，十分可愛，是高人氣的品種。如匍匐般緩慢生長，在小盆栽中可作為重點植株。（P.15・P.63）

呂千繪

Crassula 'Morgan's Beauty'

景天科　青鎖龍屬

圓形銀色葉子重疊生長，呈現不可思議的奇特生長姿態。長出子株群生，植株小巧。和有高度的品種組合栽種，能享受高低層次的美感。（P.65）

這類一邊向上伸展，一邊落葉，外形如樹木般的品種，最適合用在需活用高度的組合盆栽中。代表性品種為艷姿屬和伽藍菜屬等。注意和盆缽以及搭配的植株的尺寸保持平衡。

適合種在後方或中央以展現高度的品種

艷姿

Aeonium undulatum

景天科　艷姿屬

葉子呈美麗的綠色蓮座狀，是冬季生長的冬型種。夏季休眠時，葉色泛黃。和同屬的不同葉色或高度的植株組合，能完成具有立體感的組合盆栽。（P.61）

圓葉黑法師

Aeonium 'Cashmere Violet'

景天科　艷姿屬

又大又圓的蓮座狀葉形，具有出眾搶眼的強大存在感。冬季時會變成漂亮的紅褐色。建議作為大型組合盆栽的重點或主角。（P.61）

銀之太鼓

Kalanchoe bracteata

景天科　伽藍菜屬

具有外形如湯匙般的葉子，一邊分枝，一邊向上生長。活用其美麗自然的樹形，製作具有動態感的盆栽時，務必以它來作為主要的植株。（P.17・P.49）

仙人之舞

Kalanchoe orgyalis

景天科　伽藍菜屬

表面為褐色，背面泛銀色，絲絨質感的葉子顯得時尚又有個性。和銀色系品種組合，能製作雅致風格的組合盆栽。（P.17）

獠牙仙女之舞

Kalanchoe behalensis 'Fang'

景天科　伽藍菜屬

被覆短毛的大葉片，具有毛氈般的質感。葉背的突起給人深刻的印象。具強烈存在感的姿態，適合作為盆栽中的象徵性植株。（P.58）

白晃星

Echeveria pulvinata 'Frosty'

景天科　擬石蓮屬

它是具有輕絨細毛、銀色葉片的美麗擬石蓮屬品種。活用直立的樹形，可作為組合盆栽的主角，若要將植株修整變矮，只要剪短即可。（P.49・P.58）

曝月

Aeonium urbicum 'Moonburst'

景天科　艷姿屬

綠葉上帶有黃色斑紋的清爽型品種。具有樹形的直立性，因此向上生長。和低矮的植株組合，能呈現立體感，也能增添組合盆栽的明亮氛圍。（P.61）

若綠

Crassula lycopodioid var. *pseudolycopodi*

景天科　青鎖龍屬

苗條直立的姿態非常美麗。放任生長讓它適度地垂枝，外形也饒富趣味。幼小的苗株用於小型組合盆栽中，能呈現動態感。（P.39）

以月兔耳為代表的「兔」系列，這類外表被覆胎毛般絨毛的多肉植物，外形雖可愛，但同時兼具成熟的風貌，展現雙重的魅力。適合在雅致沉穩風格的組合盆栽中，擔任陪襯的配角。

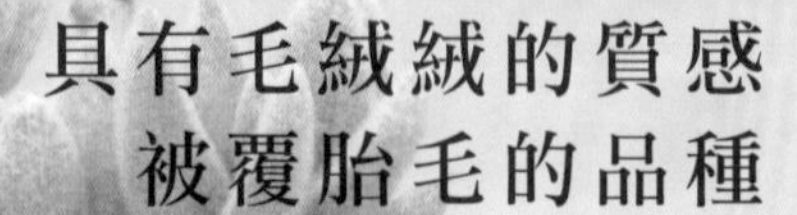

具有毛絨絨的質感被覆胎毛的品種

熊童子

Cotyledon tomentosa ssp. *Ladismithensis*

景天科　銀波錦屬

被覆胎毛的厚肉葉片，尖端具有鋸齒狀突起，會變成鮮紅的紅葉。具有突顯粉紅和銀色系植株的作用。（P.58・P.79）

黑兔

Kalanchoe tomentosa f. *nigromarginatas*

景天科　伽藍菜屬

比起月兔耳（P.91），整體偏黑，葉子為小型。一邊分枝，一邊向上生長。和銀色系植株非常速配。（P.25）

黃金兔

Kalanchoe tomentosa 'Golden Rabbit'

景天科　伽藍菜屬

它雖然和月兔耳類似，不過表面覆有金色短毛，別具一格。生長緩慢，植株小巧，適合作為雅致風盆栽的重點特色。（P.25）

月兔耳

Kalanchoe tomentosa

景天科　伽藍菜屬

它是兔子系列的代表性品種，泛藍的葉子上長有絨毛，葉緣帶有深褐色斑點。建議作為組合盆栽的陪襯角色。（P.25）

福兔耳

Kalanchoe eriophylla

景天科　伽藍菜屬

在兔子系列中，它的葉色最白，這個顏色具有獨特風格。葉片小，分枝生長。適合用於柔美風格的組合盆栽中。（P.25）

若歌詩錦

Crassula rogersii cv.

景天科　青鎖龍屬

莖上長有短而肥厚的葉子，一邊分枝，一邊生長。黃綠色的葉子，能使組合盆栽展現鮮明與動態感。天氣變冷，葉子周邊會泛紅成為紅葉。（P.17）

千兔耳

Kalanchoe millotii

景天科　伽藍菜屬

覆有白色短毛的淺綠色葉子，外形也獨樹一格。它雖不耐寒冷，但天氣冷顏色會變深。會慢慢地長高，適合用於展現高低層次的盆栽中。（P.17）

小圓刀

Crassula rogersii

景天科　青鎖龍屬

和若歌詩錦一樣，具有稍大的葉子。冬季會變成鮮明的黃綠色，葉尖和莖變得鮮紅。莖長得有些零亂，適合用於組合盆栽中。（P.58）

從獨特的草姿中，竟然能開出令人無法想像的可愛花朵，這也是栽培多肉植物的妙趣所在。許多品種的紅葉期間都重疊，在季節限定的條件下，製作以花為主角的組合盆栽也非常漂亮。

以可愛的花朵
增添色彩的品種

花乃井

Echeveria amoena

景天科　擬石蓮屬

小葉成長為蓮座狀，是小型的擬石蓮屬。冬季葉尖變成紅色。開出鈴狀的小花朵，呈鮮麗的橘色。適合製作小型組合盆栽。（P.71）

花簪

Crassula excilis ssP. 'Cooperi'

景天科　青鎖龍屬

葉表是綠色，背面呈紅褐色，是茂密群生的小型品種。和葉色對照，花朵顯得非常可愛。活用葉色的氛圍，適合製作雅致風格的盆栽。（P.65）

紅稚兒

Crassula radicans

景天科　青鎖龍屬

當氣候變冷，綠葉會轉變成鮮紅色。春季時，從紅色花莖開出白色小花。可活用它鮮麗整潔的姿態，來製作組合盆栽。（P.33）

野玫瑰之精

Echeveria mexensis zalagosa

景天科　擬石蓮屬

粉藍色的葉子，形成美麗的蓮座狀。從橘色的花蕾開出黃色的花朵。能欣賞藍色調的葉色，以及濃淡色彩的趣味。（P.27・P.39・P.47・P.57・P.79）

白牡丹

×*Graptoveria* 'Titubans'

景天科　風車草擬石蓮雜交屬

整體帶有白粉的葉子，從白到灰呈現微妙的色調變化。春天開黃色的花，很適合在組合盆栽中作為重點植株。極耐寒。（P.47・P.67・P.75・P.77・P.79）

凡布林

Echeveria 'Van Breen'

景天科　擬石蓮屬

泛綠的淡藍色葉子顯得很高雅。花呈橘色。子株匍匐般向四周群生，最適合用於淺缽中，製作小巧風格的組合盆栽。（P.59）

組合盆栽的必備工具

以下將介紹製作多肉植物的組合盆栽時，或平時栽種整理時，最好事先備齊的工具。雖然填土器、澆水壺以一些日常用品也能替代，但剪莖葉的園藝剪刀最好備著，可讓作業更方便。

園藝剪刀

整理盆栽亂長的莖葉，或修剪插枝的莖時都能派上用場。刀刃細長的較方便使用。

填土器

組合盆栽或換盆移植時，用來填土的工具。也可以塑膠製的空盆取代。

免洗筷

栽種時，要在手指無法伸入的縫隙中填土時，這是很方便的工具。也可以用來輕輕地戳刺泥土。

盆底網

具有避免土壤從缽底孔流失，或防止害蟲從缽底侵入的作用。為塑膠材質，所以能重複使用。

鑷子

以修剪下的苗製作花圈，或移植葉插苗株等，以手難進行的細微作業時，鑷子是很方便的工具。

澆水壺

壺嘴細長型的澆水壺，容易描準狹窄處或輕柔地澆水，是方便實用的工具。

盆缽的種類

配合想製作的組合盆栽的風格來挑選盆缽很重要，不過，根據素材或盆底有無孔洞等，澆水量和時機也不一樣。請掌握盆缽的特性妥善地栽培吧！

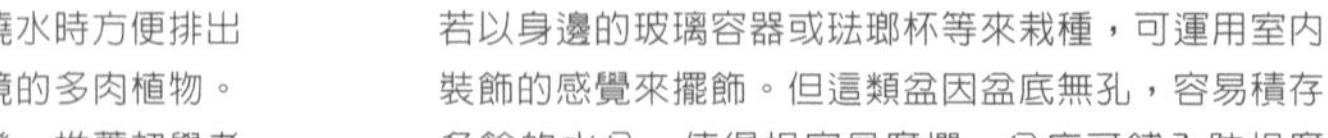

有缽底孔

盆底有排水孔的素燒盆或水泥盆等，澆水時方便排出多餘的水，適合用來栽種喜好乾燥環境的多肉植物。尤其是素燒盆透氣性佳，水分容易蒸發，推薦初學者選用。

無缽底孔

若以身邊的玻璃容器或琺瑯杯等來栽種，可運用室內裝飾的感覺來擺飾。但這類盆因盆底無孔，容易積存多餘的水分，使得根容易腐爛。盆底可鋪入防根腐劑，來保持土壤的乾燥。馬口鐵等容器底部可打洞，不妨打洞後再使用（P.52）。

素燒盆

水泥盆

玻璃

馬口鐵

琺瑯

土壤的種類

要栽培健康的多肉植物，挑選適合的土壤相當重要。
這裡雖然根據目的來介紹土壤，不過不管任何配方，
基本上都需要適量地澆水。在盆底也一定要放入缽底石。

簡便・適合初學者

多肉植物專用培養土

市售專用培養土的配方中，有許多小顆浮石，能增進排水性。這種土因排水性佳，建議常常不小心澆太多水的初學者使用。

希望植株長得很大時

以赤玉土為基底的混合土

想讓植株快速成長變大時，適合使用以赤玉土為基底的培養土。這個富保肥力和保水性的配方中，赤玉土占四成，腐葉土占兩成。另外還加入一成稻殼炭能防止根部腐爛。

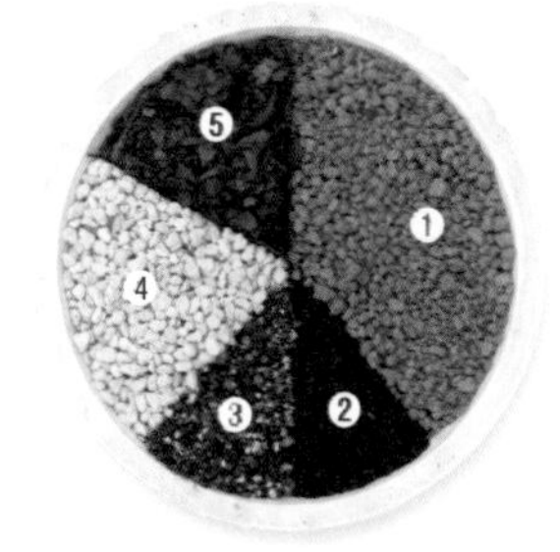

❶小顆赤玉土4 ❷稻殼炭1 ❸蛭石1
❹小顆浮石2 ❺腐葉土2

希望植株長得小巧時

以浮石為基底的混合土

希望栽種小盆栽或植株較小巧時，提議使用排水良好的浮石。含有五成浮石的混合土，短時間內就能排除多餘的水。不過它的保肥性差，會抑制植株的生長。

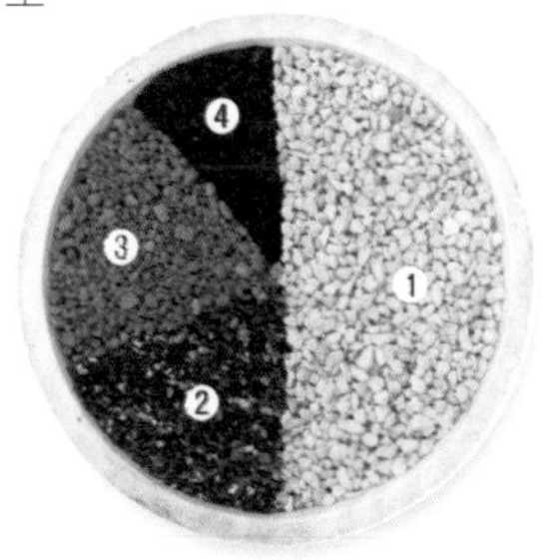

❶小顆浮石5 ❷蛭石2
❸小顆赤玉土2 ❹稻殼炭1

小顆浮石

種在玻璃容器等，想作為室內裝飾欣賞的組合盆栽，適合使用這種土。盆底無孔的容器，請放入防根腐劑再使用。浮石也可以作為表土的裝飾使用。

希望排水良好時

希望排水良好，保持植株根部的健康時，使用缽底石或防根腐劑等方便又有效。尤其是使用保水性佳的赤玉土為底材的培養土種植時，一定要先鋪入缽底石。

缽底石

盆底放入缽底石，能增進排水性和透氣性，防止植株根部腐爛。大約放入盆高的⅙量為基準，不過，有深度的大盆可以多放一些。

防根腐劑

在沒有排水孔的盆缽（玻璃容器等）中種植時，一定要放入防根腐劑。它還具有吸附根部排出的老舊廢物，以及慢慢供給根部養分的作用。

美麗盆栽的日常管理法

喜好乾燥、溫暖地方的多肉植物，不耐日本高溫多濕的夏季及寒冷的冬季。
多肉植物若種在陽光充足、通風良好的環境中，外觀會顯得健康又漂亮。
請了解各季節適合放置的場所及澆水的要領，輕鬆地享受栽種之樂吧！

放置場所

在日照＆通風良好的戶外管理

春天最好放置在戶外，日照充足、通風良好的地方。沒有足夠的日照、通風又差的環境，多肉植物的葉色立刻會變差，葉間的距離也會變長。春季時適合放在能長時間日照的屋外，讓它接受陽光充分的照射。長期下雨也是植株根腐的原因，梅雨季時，請在雨棚或屋簷下栽種管理。

避免強烈日照＆過濕讓植株休息

夏季高溫多濕和強烈的日照，恐會造成植株腐爛。最好以遮光網遮陰，或移到半日陰的涼爽處，極度減少澆水，讓植株休息般來管理。

讓植株慢慢習慣日光保持充足日照＆良好通風

秋天暑氣漸消，自9月下旬開始慢慢讓植株習慣日照，自10月開始，放回有充足日照，通風良好的地方管理。

避開寒風溫度保持5℃以上

對多肉植物來說，日本冬季的氣候過於嚴峻。大部分的植株請在最低溫至少5℃以上，日照良好的室內或屋簷下管理。即使是東京近郊的溫暖地區，隆冬時也不能放在寒風直吹的地方。若在屋簷下管理，到了夜間須移至室內，或蓋上塑膠布防寒，請特別留意溫度的管理。特別重要的是冬天保持乾燥，並注意別讓它們凍結。

澆水

多肉的葉能夠儲存水分請避免頻繁澆水

澆水的基本原則是，等土完全乾了之後再澆。在春、秋的生長期，給予充分的水。從6月中旬的梅雨季到殘暑仍炎熱的9月中旬，澆水要極度減少，留意讓它們暫時停止生長。若澆太多水，往往造成植株腐爛。自12月至2月的酷寒時期，也可以同樣地保持乾燥。夜間土若保持潮濕，恐有凍結之虞，這點請特別小心。從3月開始可以慢慢地增加澆水。

在室內栽培欣賞

一天須日照四小時以上

盆栽若放在室內，一天要放在有日照的窗邊四小時以上（光強的夏季，陽光從縫隙照下的半日陰處較佳）。時常轉動盆子，以免植株朝同一個方向生長。如果日照不足，植株會變得瘦弱。但是，急遽地直射陽光，也會使葉片曬傷。重點是讓植株慢慢地習慣日照。

適度的通風以防悶濕

除了日照以外，多肉植物也要適度的通風。最理想的周期是裝飾在室內三天，放置在屋外四天。雖說如此，冬天從溫暖的室內突然拿到寒冷的屋外，植株容易枯萎，所以冬季基本上在室內管理。等土完全乾了之後再澆水。春、秋季澆多一些，夏、冬季則要儘量減少。

如何維持外觀

組合盆栽中的莖若變長突出，或外形變得雜亂，經過修剪能恢復原有的美麗外觀。尤其是梅雨季前，從植株的根部修剪疏枝，減少莖的數量，使通風變好，就不必擔心植株因悶濕而腐爛。

剛完成的美麗組合盆栽

左圖中是P.22介紹過的組合盆栽。使用黃花新月、虹之玉錦和愛星。

3至4個月後的雜亂外觀

植株放著不管，莖便會恣意伸展。枝葉雜亂的組合盆栽，只要經過修剪，就能恢復原有的美麗外觀。

以剪子剪除伸出的長莖

太長的莖，俐落地沿著盆緣剪短。長得太擁擠的莖，從根部疏枝般剪掉。

簡潔地變身

盆栽給人清爽的印象。植物經過修剪後，通風變好，不易悶濕。剪下的莖，扦插時也能夠活用。

繁殖植株的方法

只要將修剪下來的莖插入土中，或掉落下來的葉子放在土上，多肉植物就能夠繁殖。在氣候穩定的春、秋兩季最適合繁殖。

枝插法

修剪下的莖，只要插入土中便能簡單繁殖。重點是切口要晾乾。

1

剪掉長得太長，或生長狀況不佳的莖。圖中是星之王子。

2

摘除要插入土中的莖的部分（2至3cm）的葉子，放在陰涼處十天至兩週時間晾乾切口，再插入乾燥的土中。

3

在明亮、陰涼的地方管理，一週後澆水促使它發芽。如果過了十天左右發根（圖），就將它移往日照良好的地方。

葉插法

這是將葉子放在土壤上讓它發根的繁殖法。適合葉子會從莖上自然掉落的品種。

〈適合葉插繁殖的品種〉迷你蓮、虹之玉、白牡丹、紅稚兒、姬秋麗、姬朧月等。

1

若以剪刀剪葉，會剪到對於發根來說很重要的根部，所以葉子要從莖上脫落時，再以手捏取。圖片是姬朧月。

2

將葉子放在多肉植物的專用培養土，或小顆赤玉土上，放在明亮的陰涼處管理。不澆水，讓土保持乾燥就行。

3

經過一個月從葉子的根部發芽後，再移往日照良好的地方。以噴霧器稍微澆點水。經過兩至三個月後，原來的葉子便會消失。

｜自然綠生活｜ 13

黑田園藝植栽密技大公開：一盆就好可愛的多肉組盆 NOTE

作　　者／黑田健太郎・栄福綾子
譯　　者／沙子芳
發 行 人／詹慶和
總 編 輯／蔡麗玲
執行編輯／劉蕙寧
編　　輯／蔡毓玲・黃璟安・陳姿伶・白宜平・李佳穎
執行美編／周盈汝
美術編輯／陳麗娜・韓欣恬
內頁排版／造極
出 版 者／噴泉文化館
發 行 者／悅智文化事業有限公司
郵政劃撥帳號／19452608
戶　　名／悅智文化事業有限公司
地　　址／新北市板橋區板新路 206 號 3 樓
電子信箱／elegant.books@msa.hinet.net
電　　話／(02)8952-4078
傳　　真／(02)8952-4084

2016 年 6 月初版一刷　定價 480 元

HITOHACHI DE KAWAII TANIKU SHOKUBUTSU NO YOSEUE NOTE

Originally published in Japan by IE-NO-HIKARI Association
Chinese (in traditional character only) translation rights arranged with IE-NO-HIKARI Association through CREEK & RIVER Co., Ltd.

經銷／高見文化行銷股份有限公司
地址／新北市樹林區佳園路二段 70-1 號
電話／0800-055-365　傳真／(02)2668-6220

國家圖書館出版品預行編目 (CIP) 資料

黑田園藝植栽密技大公開：一盆就好可愛的多肉組盆 NOTE / 黑田健太郎・栄福綾子著；沙子芳譯. -- 初版. -- 新北市：噴泉文化館出版，2016.6
面；　公分. --（自然綠生活；13）
ISBN 978-986-92999-3-0（平裝）
1. 仙人掌目 2. 栽培

435.48　　105009637

作者簡介

黑田健太郎

目前在埼玉縣的「FLORA黑田園藝」工作。透過自由發想創作出的組合盆栽及懷舊風格的盆景，廣受大眾的喜愛與支持。每天持續發表組合盆栽作品及樣品庭園狀況的部落格「FLORA花園 園藝作業日記」，擁有極高的人氣，該店也常有來自日本全國各地的許多粉絲造訪。近作有《園藝職人的多肉植物組盆筆記》（噴泉文化出版）、《365天的組合盆栽風格（秋・冬季系列）》（Graphic社發行）、《黑田兄弟的植物圖鑑（FG 武藏發行）等。
「FLORA花園 園藝作業日記」
http://ameblo.jp/flora-kurodaengei/

栄福綾子

同樣在「FLORA黑田園藝」工作。擅長活用素材特性，製作散發自然、可愛氛圍的組合盆栽。採用感性色彩及女性特有的手工藝氛圍作品，廣受粉絲喜愛。在公私領域都享受著與植物和自然接觸的樂趣。

設計・插畫／天野美保子・太田菜名子
攝影／豐田 都
編輯／山本裕美
校對／黑嶋あや
DTP製作／天龍社

攝影協力／
FLORA黑田園藝
埼玉縣埼玉市中央區圓阿彌1-3-9
TEL 048-853-4547